给孩子的数学故事书

变量中的常量

函数的故事

张远南 张昶 著

清华大学出版社
北京

图书在版编目（CIP）数据

变量中的常量：函数的故事/张远南，张昶著. —北京：清华大学出版社，2020.9
（2022.1重印）
（给孩子的数学故事书）
ISBN 978-7-302-55841-5

Ⅰ．①变⋯　Ⅱ．①张⋯②张⋯　Ⅲ．①函数－青少年读物　Ⅳ．①O174-49

中国版本图书馆 CIP 数据核字（2020）第 112441 号

责任编辑：胡洪涛　王　华
封面设计：于　芳
责任校对：赵丽敏
责任印制：宋　林

出版发行：清华大学出版社
　　　　　网　　址：http://www.tup.com.cn，http://www.wqbook.com
　　　　　地　　址：北京清华大学学研大厦 A 座　　　邮　　编：100084
　　　　　社 总 机：010-62770175　　　　　　　邮　　购：010-62786544
　　　　　投稿与读者服务：010-62776969，c-service@tup.tsinghua.edu.cn
　　　　　质量反馈：010-62772015，zhiliang@tup.tsinghua.edu.cn
印 装 者：大厂回族自治县彩虹印刷有限公司
经　　销：全国新华书店
开　　本：145mm×210mm　　**印　张**：5.5　　**字　数**：103 千字
版　　次：2020 年 10 月第 1 版　　　　**印　次**：2022 年 1 月第 6 次印刷
定　　价：35.00 元

产品编号：087507-01

函数是中学数学最为重要的概念之一。函数概念的出现，是人类思维从静飞跃到动的必然。当人们试图描述一个运动和变化的世界的时候，导入变量和因变量是极为自然的！

然而，今天函数的含义与 300 多年前是大不相同的。1692 年，莱布尼茨使用"函数"（function）这个词时，所表示的仅仅是"幂""坐标""切线长"等与曲线上的点有关的几何量。而到了 18 世纪，这一概念已扩展为"由变量和常量所组成的解析表示式"。到了 19 世纪，解析式的限制被取消，并被对应关系所替代。函数概念的几度扩张，反映了近代数学的迅速发展。

关于函数的理论，是数学王国一座金碧辉煌的城堡，这本书既不打算也不可能对此做详尽的介绍。作者只是希望激起读者的兴趣，并由此引起他们自觉学习这一知识的欲望。因为作者认定，兴趣是最好的老师，一个人对科学的热爱和献身往往是从兴趣开始的。然而，人类智慧的传递是一项高超的艺术。从教

到学,从学到会,从会到用,又从用到创造,这是一连串极为能动的过程。作者在长期实践中,有感于普通教学的局限和不足,希望能通过非教学的手段,实现人类智慧接力棒的传递。

基于上述目的,作者尽自己的力量,完成一套各自独立的趣味数学读物。它们是:《偶然中的必然》《未知中的已知》《否定中的肯定》《变量中的常量》《无限中的有限》《抽象中的形象》,其分别讲述概率、方程、逻辑、函数、极限、图形等有趣的故事。作者心目中的读者是广大的中学生和数学爱好者,他们是衡量本书最为精准的天平。

由于作者水平有限,书中的错误在所难免,敬请读者不吝指出。

但愿本书能为读者开阔视野、探求未来,充当引导!

张远南

2019 年 12 月

CONTENTS ○ 目录

一、一个永恒运动的世界 //001

二、"守株待兔"古今辩 //008

三、圣马可广场上的游戏 //015

四、奇异的"指北针" //022

五、揭开星期几的奥秘 //029

六、神奇的指数效应 //036

七、数学史上最重要的方法 //043

八、永不磨灭的功绩 //051

九、并非危言耸听 //057

十、追溯过去和预测将来 //063

十一、变量中的常量 //070

十二、蜜蜂揭示的真理 //078

十三、折纸的科学 //085

十四、有趣的图算 //093

十五、科学的取值方法 //102

十六、神秘的钟形曲线 //109

十七、儒可夫斯基与展翅蓝天 //116

十八、波浪的数学 //122

十九、对称的启示 //129

二十、选优纵横谈 //136

二十一、关于捷径的迷惑 //144

二十二、从狄多女王的计策谈起 //151

二十三、约翰·伯努利的发现 //158

二十四、跨越思维局限的栅栏 //165

一、一个永恒运动的世界

我们这个星球，宛如飘浮在浩瀚宇宙中的一方岛屿，从茫茫中来，又向茫茫中去。这一星球上的生命，经历了数亿年的繁衍和进化，终于在创世纪的今天，造就了人类的高度智慧和文明。

然而，尽管人类已经有着如此之多的发现，但仍不清楚宇宙是怎样开始的，也不知道它将怎样终结！万物都在时间长河中流淌着、变化着。从过去变化到现在，又从现在变化到将来。静止是暂时的，运动却是永恒的！

天地之间，大概再没有什么能比闪烁在天空中的星星，更能引起远古人类的遐想。他们想象在天庭上应该有一个如同人世间那般繁华的街市。而那些本身发着亮光的星宿，则忠诚地守护在天宫的特定位置，永恒不动。后来，这些星星便区别于月亮和行星,被称为恒星。其实,恒星的称呼是不确切的,只是由于它离我们太远了,以至于它们之间的任何运动,都"慢"得使人一辈子感觉不出来!

图 1.1

北斗七星大约是北半球天空中最为明显的星座之一。北斗七星在天文学上有个正式的名字叫大熊星座。大熊星座的 7 颗亮星,组成一把勺子的样子(图 1.1),勺底两星的连线延长约 5 倍处,可寻找到北极星。北斗七星在北半球的夜空是很容易辨认的。

大概所有的人一辈子见到的北斗七星,总是如图 1.1 那般形状,这是不言而喻的。人的生命太短暂了! 几十年的时光,对于天文数字般的岁月,是几乎可以忽略不计的! 然而有幸的是,现代科学的进展,使我们有可能从容地追溯过去,并且精确地预测将来。

图 1.2 所示是经过测算的,人类在十万年前、现在和十万年后应该看到和可以看到的北斗七星,它们的形状是大不一样的!

不仅天在动,地也在动。火山的喷发、地层的断裂、冰川的推移、泥石的奔流,这一切都只是局部现象。更加不可

(a) 十万年前的北斗七星

(b) 现在的北斗七星

(c) 十万年后的北斗七星

图 1.2

思议的是,我们脚下站立着的大地,也如同水面上的船只那样,在地幔上缓慢地漂移着!

20世纪初,德国年轻的气象学家阿尔弗雷德·魏格纳(Alfred Wegener,1880—1930)发现,大西洋两岸,特别是非洲和南美洲的海岸轮廓非常相似。这期间究竟隐藏着什么奥秘呢?魏格纳为此陷入了深深的思索。

一天,魏格纳正在书房看报,一个偶然的变故激发了他的灵感。由于座椅年久失修,某个接头突然断裂,他的身体骤然间向后仰去,手中的报纸被猛然撕裂。在这一切过去之后,当魏格纳重新注视手上的两半报纸时,他顿时醒悟了!长期萦绕在脑海中的思绪跟眼前的现象碰撞出智慧的火花!一个伟大的思想在魏格纳脑中闪现:世界的大陆原本是连在一起的,后来由于某种原因而破裂分离了!

此后,魏格纳奔波于大西洋两岸,为自己的理论寻找证据。1912年,"大陆漂移说"终于诞生了!

今天,大陆漂移学说已为整个世界所公认。据美国宇航局的最新测定表明,目前大陆移动仍在持续,如北美洲正以每年1.52厘米的速度远离欧洲而去;而澳大利亚却以每年6.858厘米的速度,向夏威夷群岛飘来!

世间万物都在变化,"不变"反而使人充满着疑惑,下面的故事是再生动不过的了。

1938年12月22日,在非洲的科摩罗群岛附近,渔民们捕捉到一条怪鱼。这条鱼全身披着六角形的鳞片,长着4只"肉足",尾巴就像古代勇士用的长矛。当时渔民们对此并不在意,因为每天从海里网上来的奇形怪状的生物多得是!于是这条鱼便顺理成章地成了美味佳肴。

当地博物馆有个年轻的女管理员叫拉蒂迈,平时热心于鱼类学研究。当她闻讯赶来的时候,见到的已是一堆残皮剩骨。不过,出于职业的爱好,拉蒂迈小姐还是把鱼的头骨收集了起来,寄给当时的鱼类学权威,南非罗兹大学的史密斯教授。

教授接到信后,顿时目瞪口呆。原来这种长着矛尾的鱼,早在7000万年前就已绝种了。科学家们过去只是在化石中见到过它。眼前发生的一切,使教授由震惊转为大大的疑惑。于是他不惜许下10万元重金,悬赏捕捉第二条矛尾鱼!

一年又一年过去了,不知不觉过了 14 个年头。正当史密斯教授绝望之际,1952 年 12 月 20 日,史密斯突然收到了一封电报,电文是:"捉到了您所需要的鱼。"他欣喜若狂,立即乘机赶往当地。当史密斯用颤抖的双手打开包着鱼的布包时,一股热泪夺眶而出……

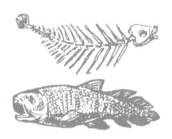

为什么一条矛尾鱼竟会引起这样大的轰动呢? 原来现在捉到的矛尾鱼和 7000 万年前的化石相比,几乎看不到差异! 矛尾鱼在经历了亿万年的沧桑之后,竟然既没有灭绝,也没有进化。这一"不变"的事实,无疑是对"变"的进化论的挑战! 究竟是达尔文的理论需要修正,还是由于其他更加深刻的原因呢? 争论至今仍在继续!

我们前面讲过,这个世界的一切量都随着时间的变化而变化。时间是最原始的自行变化的量,其他量则是因变量。一般地说,如果在某一变化过程中有两个变量 x 和 y,对于变量 x 在研究范围内每一个确定的值,变量 y 都有唯一确定的值和它对应,那么变量 x 就称为自变量,而变量 y 则称为因变量,或变量 x 的函数,记为

$$y = f(x)$$

函数一词,起用于 1692 年,最早见于德国数学家戈特弗里德·威廉·莱布尼茨(Gottfried Wilhelm Leibniz,1646—1716)的著作。记号 $f(x)$ 则是由瑞士数学家莱昂哈德·欧拉(Leonhard Euler,1707—1783)于 1734 年首次使用的。上面我们所讲的函数定义,属于德国数学家波恩哈德·黎曼(Bernhard Riemann,1826—1866)。我国引进函数概念,始于 1859 年,首见于清代数学家李善兰(1811—1882)的译作。

黎曼

一个量如果在所研究的问题中保持同一确定的数值,这样的量我们称为常量。常量并不是绝对的。如果某一变量在局部时空中的变化是微不足道的,那么这样的变量,在这一时空中便可以看成常量。例如,读者所熟知的"三角形内角和为 180°"的定理,那只是在平面上才成立的。但绝对平的面是不存在的。即使是水平面,由于地心引力的关系,也是呈球面弯曲的。然而,这丝毫没有影响广大读者去掌握和应用平面的这条定理!又如北斗七星,诚如前面所说,它前十万年与后十万年的位置是大不相同的。但在几个世纪内,我们完全可以把它看成是恒定的,甚至可以利用它来精确地判定其他星体的位置。

图 1.3 中，α、β 是北斗七星中极亮的两颗星。沿 $\beta\alpha$ 方向延长至它们间距的 5 倍，那里有一颗稍微暗一点的星，那就是北半球天空中的群星都绕它旋转的北极星。尽管这些星体的相对位置也在改变，但上述的位置法则，至少还可以延用几百年。

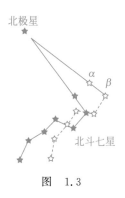

图　1.3

二、"守株待兔"古今辩

有一则古代寓言故事叫《守株待兔》,大意是:

战国时期宋国有个农民,有一天,他在田地里耕作,看到一只兔子从身旁飞跑而过,恰好撞在田边的一棵大树上,折断了颈项,死于树下。那个农民不费吹灰之力,拾得了一只现成的兔子。

这个农民自从拾到兔子之后,就想入非非,从此废弃耕耘,每天坐在那棵大树底下,等待着又一只兔子撞树而来。结果非但没有再拾到兔子,反而把田地给荒芜了!

这则寓言出自先秦著作《韩非子》,它脍炙人口,已经流传了2200多年。

2000多年来,人们总以为"待兔"不得,罪在"守株"!其实,抱怨"守株"是没有道理的。问题的关键在于兔子的运动规律。倘若通往大树的路是兔子所必经的,那么"守株"又有何妨?

然而正如上节故事中我们讲到的,我们周围的世界是一个不断运动的世界。兔子的活动,在时空长河中,划出一条千奇百怪的轨迹。希望这条轨迹能与树木在时空中的轨迹再次相交,无疑是极为渺茫的,这正是这位农民的悲剧之所在!

下面一则更为精妙的例子,可以使人们生动地看到问题的症结。例中表明如能弄清兔子运动的规律,有时"守"甚至还是明智的!

列奥纳多・达・芬奇(Leonardo da Vinci,1452—1519)是意大利文艺复兴时期的艺术大师,他那传闻很广的《画蛋》故事,对于青少年读者来说是很熟悉的。达・芬奇在绘画艺术方面造诣极深,而且他对数学也颇有研究。他曾提出过一个饶有趣味的"饿狼扑兔"问题:

列奥纳多・达・芬奇

如图 2.1 所示,一只兔子正在洞穴 C 处南面 60 码(1 码 = 0.9144 米)的地方 O 处觅食,一只饿狼此刻正在兔子正东 100 码的地方 A 处游荡。兔子回首间猛然看见了饿狼贪婪的目光,预感大难临头,于是急忙向自己的洞穴奔去。说时迟,那时快,饿狼见即将到口的美食就要落空,旋即以兔子 2 倍的速度紧盯着兔子追去。于是,狼与兔之间展开了一场生与死的、惊心动魄的追逐。

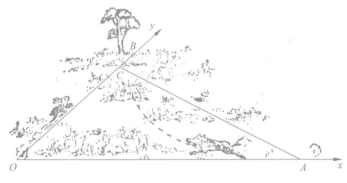

图　2.1

问：兔子能否逃脱厄运？

有人做过以下一番计算。

以 O 为原点，OA，OC 分别为 x，y 轴，以 1 码为单位长。则 $OA=100$，$OC=60$。根据勾股定理，在 $Rt\triangle AOC$ 中

$$AC=\sqrt{OA^2+OC^2}$$
$$=\sqrt{100^2+60^2}=116.6$$

这意味着，倘若饿狼沿 AC 方向直奔兔子洞穴，那么由于兔子奔跑的速度只有饿狼奔跑的速度的一半，当饿狼到达兔穴洞口时，$116.6\div 2=58.3$，即兔子只跑了 58.3 码距离，离洞口尚差 1.7 码。这时先行到达洞口的饿狼，完全可以守在洞口，"坐等"美餐的到来！

以上计算似乎天衣无缝，结论只能是兔子厄运难逃。可实

际上这是错误的! 饿狼不可能未卜先知地直奔兔穴洞口去"坐等",它的策略只能是死死盯住运动中的兔子,这样它本身追赶的路线成了一条曲线(图 2.2),这条曲线可以用解析的方法推导出来:

$$y = \frac{1}{30}x^{\frac{3}{2}} - 10x^{\frac{1}{2}} + \frac{200}{3}$$

当 $x = 0$ 时,代入上式得 $y = 66\frac{2}{3}$。

这意味着,如若北边没有兔子洞,那么当兔子跑到离原点 $66\frac{2}{3}$ 码的 B 点时,恰被饿狼逮住。然而有幸的是,兔子洞离原点仅有 60 码,此时此刻兔子早已安然进洞了!

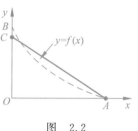

图 2.2

随着"饿狼扑兔"谜底的解开,对于"守株待兔"的辨析,似乎也已接近尾声。不料,后来又有人提出异议,对《守株待兔》故事的真实性表示怀疑,理由是,那么机灵的兔子怎会自己撞到偌大的树桩上去? 它那两只精明的大眼睛干什么去了?!

说得不无道理! 不过,答案是肯定的。要说清这一点,还得从眼睛的功能谈起。

眼睛的视觉功能是有趣的,一只眼睛能够看清周围的物体,但却无法准确判断眼睛与物体之间的距离。下面的实验可以极为生动地证实这一点。

图 2.3

找两支削尖了的铅笔,两只手各拿起一支。然后如图 2.3 那样,闭上一只眼睛,让两支笔的笔尖从远到近,对准靠拢。这时,你会发现一种奇怪的现象:任你怎么集中注意力,两支笔尖总是交错而过! 然而,如若你睁着双眼,要想对准笔尖,却是很容易做到的。

以上实验表明:用两只眼看,能准确判断物体的位置,而用一只眼看却不能! 那么,为什么用两只眼睛便能判定物体的准确位置呢?

原来,同一物体在人的两眼中呈现出来的图像是不一样的! 图 2.4 是一个隧道分别在两眼中的图像,它们之间的不同是很明显的。为了证明这两张图的确是由你左右两眼分别看出的,你可以把图 2.4 摆在

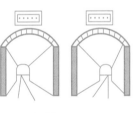

图 2.4

面前,然后两眼凝视图中央空隙的地方,如此集中精力几秒钟,并全神贯注于一种要看清图后更远的意念。这样,无须很久,你的眼前便会出现一种神奇的景象:图中左右两侧的形象逐渐靠近,并最终融合在一起,变成了一幅壮观的立体隧道图!

图 2.5 是个很好的练习,它选自别莱利曼《趣味物理学》第

9章。采用上述同样的方法,当你感到两张图像靠近并融合时,会领略到一幅壮丽的海上景观:一艘轮船在宽阔的海面上乘风破浪!

图　2.5

现在我们回到兔子撞树的讨论上来。

仔细观察一下便会发现,人眼与兔眼的位置是不相同的:人的两眼长在前方,相距很近,而兔子的两眼却长在头的两侧。又根据测定,兔子每只眼睛可见视野为 $189°30'$,而人的每只眼睛可见视野约 $166°$。不过,由于人的两眼长在前面,因此两眼同时能看到的视野有 $124°$ 左右。在这一区域内的物体,人眼能精确判定其位置。而兔眼虽说能看到周围任何东西,但两眼重合视野只有 $19°$,其中前方 $10°$,后方 $9°$。因此兔子只有在很小的视区内才能准确判断物体的远近!

由图 2.6 还能看出,纵然兔子对来自四方的威胁都能敏锐的感觉,但对鼻子底下的东西(图中"?"号区域),却完全看不到!况且在惊慌失措的奔命中,说不准早已昏了头脑,撞树的事也就难保不会发生。

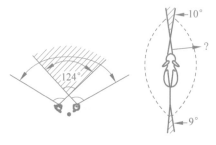

图　2.6

　　"守株待兔"的故事是韩非子亲眼所见,还是他杜撰的呢?现在自然无法查证。不过,据上面分析,这个故事还是可信的!

三、圣马可广场上的游戏

在世界著名的水城威尼斯,有个圣马可(San Marco)广场。广场的一端有一座宽 82 米的雄伟教堂。教堂的前面是一方开阔地。这片开阔地经常吸引着四方游人到这里做一个奇怪的游戏:把眼睛蒙上,然后从广场的一端向另一端的教堂走去,看谁能到达教堂的正前面!

奇怪的是,尽管这段距离只有 175 米,但却没有一名游客能幸运地做到这一点!全都如图 3.1 那般,走成了弧线,或左或右,偏斜到了一边!

类似的现象,更为神奇地出现在美国著名作家马克·吐温的笔下。在

图 3.1

《国外旅行记》一书中，马克·吐温（Mark Twain，1835—1910）描述了自己一次长达 4.7 英里的夜游，然而所有的一切，都只发生在一间黑暗的房间里！下面便是这一动人故事的精彩片断：

我醒了，感觉到口中发渴。我脑际浮起一个美好的念头——穿起衣服来，到花园里换换空气，并在喷泉旁边洗个脸。

我悄悄地爬了起来，开始寻找我的衣物。我找到了一只袜子，至于第二只在什么地方，却无法知晓。我小心地下了床，四周爬着乱摸一阵，然而一无所获！我开始向更远的地方摸索，越走越远，袜子没有找到，却撞在家具上。当我就寝的时候，四周的木器并不是这样多的，现在呢？整个房间都充满了木器，特别是椅子最多，仿佛到处都是椅子！不会是这段时间中又迁来了两家人吧？这些椅子我在黑暗中一张都看不到，但我的头却不断撞到它们。最后，我下了决心，少一只袜子也一样可以生活！我站了起来，向房门——我这样想——走去，却意外地在一面镜子里看到了我的朦胧的面孔。

这已经很清楚，我迷失了方向，而且自己究竟在什么地方，竟得不到一点印象。假如房里只有一面镜子，那么它将会帮助我辨清方向。但不幸偏偏有两面，而这却跟有一千面同样糟糕！

我想顺着墙走到门口，开始我新的尝试。不料竟把一幅画碰了下来。这幅画并不大，却发出了像一幅巨大画片跌落的响声。葛里斯（我同房间睡的另一张床上的邻人）并没有翻身。但是我觉得，假如我继续下去，那么必然会把他惊醒。我开始向另一个途径尝试，我又重新找到那张圆桌——我方才已经有好几次走到它旁边——打算从那里摸到我的床上；假如找到了床，就可以找到盛水的玻璃瓶，那么至少可以解一解不可耐的口渴了！最好的办法是——用两臂和两膝爬行。这个方法我已经尝试过，因此对它比较信任。

终于，我找到了桌子——我的头碰到了它——发出了比较大的响声。于是我再站起来，向前伸出了五指张开的双手，来平衡自己的身子，就这样踉跄前行。我摸到了一把椅子，然后是墙，又是一把椅子，然后是沙发，我的手杖，又是一只沙发。这很使我惊奇，因为我清楚地知道，这房间中一共只有一只沙发！我又碰到桌子上，并且撞疼了一次，后来又碰到一些椅子上。

直到那个时候我才想起，我早就应该怎样走。因为桌子是圆形的，因此不可能作为我"旅行"的出发点。我存着侥幸的心理，向椅子和沙发之间的空间走

去——但是我陷到一个完全陌生的境地中,途中把壁
炉上的蜡烛台碰了下来,接着碰倒了台灯,最后,盛水
的玻璃甄也"砰嘭"一声落地打碎了!

"哈哈!"我心里想道,"我到底把你找到了,我的
宝贝!"

"有贼! 捉贼呀!"葛里斯狂喊起来。

整个房子马上人声鼎沸,旅店主人、游客、仆人纷
纷拿着蜡烛和灯笼跑了进来。

我四面望了望,我竟是站在葛里斯的床边! 靠墙
只有一只沙发,只有一张椅子是我能够碰到的——我
整整半夜像行星一样绕着它转,又像彗星一样把它
碰着!

根据我步测的计算,这一夜我一共走了 4.7 英里!

马克·吐温先生的上述故事,无疑是经过极度夸大了的,但
他描写的关于一个人在黑暗中失去方向后的境遇,每个人都有
可能碰到! 读者还可以从其他著作中,看到许多人在沙漠或雪
地里由于迷失方向而在原地打转的描述。这一切近乎玩笑般的
遭遇,终于引起了科学家们的注意。

1896 年,挪威生理学家古德贝尔对闭眼打转的问题进行了
深入的探讨。他收集了大量事例后分析说,这一切都是由于人
自身的两条腿在作怪! 长年累月养成的习惯,使每个人一只脚

伸出的步子,要比另一只脚伸出的步子长一段微不足道的距离。而正是这一段很小的步差 x,导致这个人走出一个半径为 y 的大圈子。如图 3.2 所示。

现在我们来研究一下 x 与 y(x,y 单位为米)之间的函数关系(图 3.3)。

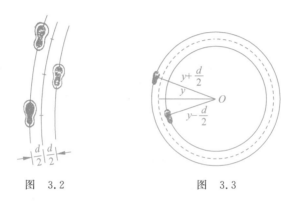

图 3.2   图 3.3

假定某人两脚踏线间相隔为 d。很明显,当人在打转时,两只脚实际上走出了两个半径相差为 d 的同心圆。设该人平均步长为 l(d,l 单位为米)。那么,一方面这个人外脚比内脚多走路程

$$2\pi\left(y+\frac{d}{2}\right)-2\pi\left(y-\frac{d}{2}\right)=2\pi d$$

另一方面,这段路程又等于这个人走一圈的步数与步差的乘积,即

$$2\pi d=\left(\frac{2\pi y}{2l}\right)\cdot x$$

化简得
$$y = \frac{2dl}{x}$$

对一般的人，$d = 0.1$，$l = 0.7$，代入得

$$y = \frac{0.14}{x}$$

这就是所求的迷路人打转的半径公式。今设迷路人两脚步差为 0.1 毫米，仅此微小的差异，就将导致他在大约 3 千米的范围内绕圈子！

上述公式中变量 x，y 之间的关系，在数学上称为反比例函数关系。反比例函数一般形如 $y = \frac{k}{x}$，这里 k 为常量。它的图像是两条弯曲的曲线（图 3.4），数学上称为等边双曲线。反比例函数在工业、国防、科技等领域都很有用处。

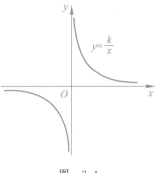

图 3.4

下面我们回到本节开始讲的那个圣马可广场上的游戏上来。我们先计算一下，当人们闭起眼睛，从广场一端中央的 M 点，要想抵达教堂 CD，最小的弧线半径应该是多少。如图 3.5 所示，注意到矩形 $ABCD$ 的边 $BC = 175$，$AM = MB = 41$（单位：米）。那么上述问题无疑相当于几何中的以下命题：已知 BC 与 MB，求 $\overset{\frown}{MC}$ 的半径 R 的大小。

因为
$$BC^2 = R^2 - (R - MB)^2 = MB(2R - MB)$$

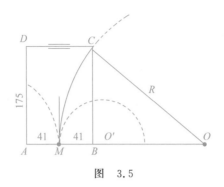

图 3.5

所以　　　　$175^2 = 41 \times (2R - 41)$

　　　　　　$R = 394$

这就是说,游人要希望成功,他所走弧线半径必须不小于394 米。现在我们再来算一下,要达到上述要求,游人的两脚步差需要什么限制。根据公式

$$y = \frac{0.14}{x}$$

因为　　　　　　$y = R' \geqslant 394$

所以　　　　　　$x \leqslant \dfrac{0.14}{394} = 0.000\ 35$

这表明游人的两只脚步差必须小于 0.35 毫米,否则成功便是无望的! 然而,在闭眼的前提下两脚这么小的步差一般人是做不到的,这就是在游戏中没有人能够蒙上眼睛走到教堂前面的原因。

四、奇异的"指北针"

对于在沙漠、草原或雪野上迷路的人,辨别方向无疑是至关重要的。否则,尽管他心想一直朝前走,但由于自己两腿跨步间的差异,结果只能在原地附近绕圈子。试验资料表明,这种圈子的直径,不会大于 4 千米。

在上一节故事中,我们介绍过迷路人所绕圈子的半径为

$$R = \frac{2ld}{x}$$

很明显,要想增大 R 的值,只有增大分子和缩小分母两条路。对一般的人来说,增大分子的步长 l 和两脚间平距 d 是极为有限的,而缩小分母的步差 x,则更为艰难!后者是由于:当假定所绕圈子直径为 4 千米时,代入公式算出所要求的 $x=0.000\ 07$,即 $0.000\ 07$ 米,不足于 0.1 毫米。要想再提高精确度,恐怕只

能是"心有余而力不足了"！

有一种数学上常用的办法，可以提高公式中的 R 值。拿 3 根标杆，然后采用三杆对齐的方法，如图 4.1 所示，根据杆 A、杆 B 确定 AB 延线上的杆 C；然后拔去杆 A，再根据杆 B、杆 C 确定杆 D；然后再拔去杆 B，又根据杆 C、杆 D 确定杆 E，如此反复，每次都三杆对齐。这一过程无疑类似于走路。每根标杆相当于"脚"；两杆间的平均距离 L 则相当于"步长"，而标杆的宽度即为新的"脚间平距"D。至于新"步差"X，可视为杆与杆之间左右两侧距离的差。从理论上讲，这个差固然应当为 0，但实际上不可能取得比通常的步差更小。

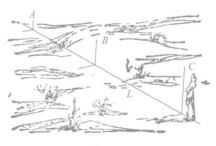

图　4.1

这样，我们可望有

$$L = 60l^{*}; \quad D = \frac{1}{2}d; \quad X = x$$

代入公式可以算出新的半径 R'

---

* 两根标杆间距 L，通常取步长的 60 倍。

$$R' = \frac{2LD}{X} = \frac{2 \times 60l \times \left(\frac{1}{2}d\right)}{x} = 30R$$

即所绕圈子的直径大约为120千米,绕这样大圈子的弧线走,在一般情况下,是可以看成沿直线前进的!

不过,沿直线前进与定向行进完全是两码事,后者无疑是主要的。因为尽管你走得笔直,但却南辕北辙,背道而驰,那么只能是距目标更加遥远。

现在让我们模仿英国作家丹尼尔·笛福(Daniel Defoe,1660—1731),编造一个类似于他笔下的鲁滨逊的故事,设想我们的主人公——一位迷失了方向的人,已经面临着一种艰难的境地,他在旅行中赖以辨认方向的罗盘不幸丢失了!我们试图帮助他从这一困境中解脱出来。

倘若故事发生在晴天的夜晚,那是不用愁的,因为北极星可以准确地指示方向。至于如何在繁星密布的夜空找到北极星,在本书的第一个故事中曾经介绍过,我想读者一定记忆犹新。

倘若故事发生在阴天,情况似乎比较棘手!不过,只要细心观察周围,还是有希望找到一些辨别方向的标志的。如北半球树木的年轮一般是偏心的,如图4.2那样,靠北方向(N)年轮较密,而

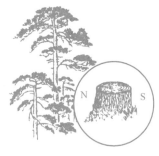

图　4.2

靠南方向(S)年轮较疏,这是由于树木向阳一面生长较快的缘故。又如,有时在荒野中我们会看到一些残垣断壁、破寺败庙,按中国的习俗,这些建筑物一般是坐北朝南的。

下面我们设想遇到一种令人悲伤的情景:我们的主人公在一望无际的沙漠中迷失了方向。周围当然不可能奇迹般地出现庙宇和树桩。当空的烈日正使他陷入一种茫然和绝望!此时此刻,假如有谁能告诉他,他手上戴着的手表就是一只标准的"指北针",那么他一定会为此而欣喜若狂!

读者中可能依然有人疑虑重重,然而事实确是如此!钟表定向的方法是,如图 4.3 所示,把手表放平,以时针的时数(一天以 24 小时计)一半的位置对向太阳,则表面上 12 时指的方向便是北方。图 4.3 表面上指的时间是早上 8 时

图　4.3

零 5 分,其时数一半的位置大约是 4.04 时,以这个位置对向太阳,则 12 时所指的方向 N 即为北方。要注意的是,对向必须准确。为了提高精度,我们可以用一根火柴立在"时数一半"的地方,让它的影子通过表面中心,这表明我们已经对准了太阳的方向!

建议读者用自己的手表试几次。记住这个方法,说不定什么时候会派上用场!

我想读者一定很想知道用钟表定向的科学原理,这是不难

理解的！不过要彻底弄清它,还得先了解地球的自转。

如今几乎所有的中学生都知道,白天的出现和黑夜的降临,是由于地球的自转。然而,历史上有很长一段时间,人们对此疑信参半。直至 1805 年,一位相当聪明的法兰西科学院院士梅西尔这样写过:"天文学家要使我相信,我像一只烧鸡穿在铁棍上那样旋转,那真是用心枉然!"不过,这位学者的偏见并没能阻止地球的旋转,从那时起地球又一如既往地转动了大约 78 000 转!

1851 年,法国科学家让·傅科 (Jean Foucault,1819—1868) 在著名的巴黎先贤祠,做了一个直接证明地球旋转的惊人表演:让一个大钟摆在地面的沙盘上不断划出纹路(图 4.4)。虽说这个摆同其他自由摆一样,不停地在同一方向、同一平面上来回摆动。但地球及先贤祠的地板都在它底下极其缓慢地转动着,因此沙盘上划出的纹路,

图　4.4

也一点点由东向西缓慢而均匀地改变了方向。傅科摆的摆面旋转一周所用的时间与当地的纬度有关:在极点需要 24 小时;在巴黎需 31 时 47 分;我国北京天文馆的傅科摆,摆面旋转一周约需 37 时 15 分。

傅科的实验使我们亲眼见到了地球的均匀自转。地球自转一周,在人们的视觉假象中,太阳好像绕地球旋转了 360°。与此

同时，手表面上的时针走了 24 小时，绕表心旋转了 720°。由于以上两者的转动都是均匀的，从而视觉中太阳绕地球旋转的角度 y，与表面上时针旋转的角度 x 的一半应当是同步的。这表明，当选定各自计算的起始角后，应当有

$$y = \frac{1}{2}x + b$$

这是最为简单的一次函数，它的图像是一条直线。上式右端 x 的系数 $k = \frac{1}{2}$ 称为直线的斜率；b 称为截距，恰等于直线截 y 轴的有向距离，如图 4.5 所示。

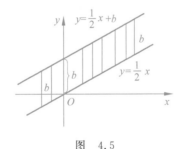

图　4.5

将上述一次函数式变形得

$$y - \frac{1}{2}x = b（常量）$$

这意味着，视觉中太阳旋转的角与时针旋转的半角之间，相差是一个常量。这一变量中的常量说明，将"时数的一半"对向太阳时，手表面的位置是恒定的，不因时间的推移和太阳的升落而变

化。当早晨 6 点太阳在东方升起时,我们用 6 的一半 3 去对准东方,那么表面上的 12 时所指的方向自然就是北方了!而这一方向,在太阳与时针同时运动中,保持恒定。这就是"钟表定向"的科学原理。

瞧,这是多么奇异的"指北针"!

五、揭开星期几的奥秘

在我们这个古老的国度，人们什么时候开始把年份和动物的名称挂上钩，现在已经很难弄清楚了。但由天干和地支相配而成的干支纪年法和干支纪日法，却见诸史书，源远流长！

所谓天干，是一种用文字表示顺序的符号，共 10 个，依次是甲、乙、丙、丁、戊、己、庚、辛、壬、癸。这 10 个符号中的前几个，读者应该是很熟悉的。

所谓地支，是一种用文字表示时间的符号，共 12 个，依次是子、丑、寅、卯、辰、巳、午、未、申、酉、戌、亥。以上 12 个文字，每个字代表一个时辰，每个时辰 2 个小时，从午夜起算，12 个时辰恰为一天。地支的 12 个符号，很难找到什么规律。为了便于记忆，大约从东汉开始，人们使用 12 种熟悉的动物与之相配，称为属相：

子	丑	寅	卯	辰	巳	午	未	申	酉	戌	亥
↓	↓	↓	↓	↓	↓	↓	↓	↓	↓	↓	↓
鼠	牛	虎	兔	龙	蛇	马	羊	猴	鸡	狗	猪

久而久之，这种属相便成为以 12 为周期的纪年代号。如 2000 年为龙年，人类跨进了 21 世纪，2012 年也是龙年，下一个龙年为 2024 年。

由于 10 与 12 的最小公倍数为 60，所以天干、地支循环相配，可得 60 种不同的组合：甲子、乙丑、丙寅、……、癸亥。这 60 种组合，俗称"六十花甲子"，相配完毕，周而复始！

上述 60 一轮转的方法，用于纪年，始于西周共和元年，约公元前 841 年。而用于纪日，则可追溯到更加久远的年代。早在公元前一千多年，我国就已采用"旬日制"，以十天为一旬，三旬为一月，恰是半个花甲子！有趣的是，远在万里之外的古埃及，那时采用的竟然也是"旬日制"。人世间的这种巧合不难使人猜测到，这是由于人类的双手，长有 10 只手指的缘故。

西方国家采用星期纪日是稍后的事。321 年 3 月 7 日，古罗马皇帝君士坦丁正式宣布采用"星期制"，规定每一星期为 7 天，第一天为星期日，尔后星期一、星期二直至星期六，再回到星期日，如此永远循环下去！君士坦丁大帝还规定，宣布的那天定为星期一。

一星期为什么定为 7 天？这大约是出自月相变化的缘故。

天空中再没有别的天象变化得如此明显,每隔 7 天便一改旧貌!另外,"七"这个数,恰与古代人已经知道的日、月、金、木、水、火、土七星的数目巧合,因此在古代神话中就用一颗星作为一日的保护神,"星期"的名称也因之而起。

历史上的某一天究竟是星期几?这可是一个有趣的问题,我想读者一定很想知道它的奥秘!不过,要了解这一点,还得先从闰年的设置讲起。因为倘若没有闰年,这个问题将变得十分容易。

在本丛书《无限中的有限》一册中,我们已经向读者仔细介绍过设闰的方法。在那里我们讲到,由于一个回归年不是恰好 365 日,而是 365 日 5 小时 48 分 46 秒,或 365.2422 日。为了防止这多出的 0.2422 日积累起来,造成新年逐渐往后推移,因此我们每隔 4 年便设置 1 个闰年,这一年的 2 月从普通的 28 天改为 29 天。这样,闰年便有 366 天。不过,这样补也不是刚刚好,每百年差不多又会多补 1 天。因此又规定,遇到年数为"百年"的不设闰,把这 1 天扣回来!这就是常说的"百年 24 闰"。但是,百年扣 1 天闰还不是刚刚好,又需要每 400 年再补回来 1 天。因此又规定,公元年数为 400 倍数者设闰。就这么补来扣去,终于补得差不多刚好了!例如,2016、2020 这些年数被 4 整除的年份为闰年;而 1900、2100 这些年数为"百年"的则不设闰;2000、2400 这些年的年数恰能被 400 整除,又要设闰,如此等等。

闰年的设置,无疑增加了我们对星期几推算的难度。为了揭示关于星期几的奥秘,我们还需要一个简单的数学工具——高斯函数。

1800 年,德国数学家 J. C. F. 高斯(J. C. F. Gauss,1777—1855)在研究圆内整点问题时,引进了一个函数

$$y = [x]$$

这个函数后来便以他的名字命名。

$[x]$ 表示数 x 的整数部分,如

$$[x] = 3$$

$$[-4.75] = -5$$

$$\left[\frac{\sqrt{5}-1}{2}\right] = 0$$

$$[1988] = 1988$$

高斯函数的图像很奇特(图 5.1),像台阶般,但不连续!

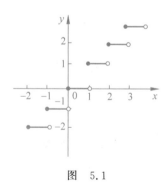

图　5.1

利用高斯函数,我们可以根据设闰的规律,推算出在 x 年第 y 天是星期几。这里变量 x 是年数;变量 y 是从这一年的元旦,算到这一天为止(包含这一天)的天数。历法家已经为我们找到了这样的公式:

$$s = x - 1 + \left[\frac{x-1}{4}\right] - \left[\frac{x-1}{100}\right] + \left[\frac{x-1}{400}\right] + y$$

按上式求出 s 后,除以 7,如果恰能除尽,则这一天为星期日;否则余数为几,则为星期几!

例如,君士坦丁大帝宣布星期制开始的那一天为 321 年 3 月 7 日。容易算得

$$\begin{cases} x - 1 = 320 \\ y = 66 \end{cases}$$

$$s = 320 + \left[\frac{320}{4}\right] - \left[\frac{320}{100}\right] + \left[\frac{320}{400}\right] + 66$$

$$= 320 + 80 - 3 + 0 + 66$$

$$= 463 \equiv 1 (\bmod 7)$$

最后一个式子的符号表示 463 除以 7 余 1。也就是说,这一天为星期一。这是可以预料到的,因为当初就是这么规定的!

又如,中华人民共和国成立于 1949 年 10 月 1 日,可算得

$$\begin{cases} x - 1 = 1948 \\ y = 274 \end{cases}$$

$$s = 1948 + \left[\frac{1948}{4}\right] - \left[\frac{1948}{100}\right] + \left[\frac{1948}{400}\right] + 274$$

$$= 1948 + 487 - 19 + 4 + 274$$
$$= 2694 \equiv 6 \pmod 7$$

原来,这一普天同庆的日子为星期六。

2000 年 1 月 1 日,人类跨进了高度文明的 21 世纪,那么这一天是星期几呢?

$$\begin{cases} x - 1 = 1999 \\ y = 1 \end{cases}$$

$$s = 1999 + \left[\frac{1999}{4}\right] - \left[\frac{1999}{100}\right] + \left[\frac{1999}{400}\right] + 1$$
$$= 1999 + 499 - 19 + 4 + 1$$
$$= 2484 \equiv 6 \pmod 7$$

计算表明这一天也是星期六!

下面我们讲述的是一个具有讽刺意味的故事。

大千世界,无奇不有。1654 年,爱尔兰有一个大主教叫乌索尔。此人在酒足饭饱之后,突然脑海里萌生起一个奇思怪想,他试图通过经典来"考证"地球的创生!

果然,此后乌索尔一头栽进了希伯来文的经典书堆,做起了一个只有他自己知道的文字游戏。在经过若干冥冥之夜后,他不知从哪儿得来的灵感,居然得出了以下惊人的结论:地球是在公元前 4004 年 10 月 26 日(星期日)上午 9 时被上帝创造出来的!

乌索尔的论点举世震惊! 由于它迎合了当时教会里一些人

的口味,居然轰动一时! 不过,严肃理智的科学家并没有被乌索尔的胡言乱语所吓倒,他们用铁的事实证实,我们这个星球早已存在了几十亿年!

有一点与本节有关的是,乌索尔大主教在神学方面虽有所通,但算术水平却属劣等! 公元前 4004 年 10 月 26 日,并不像乌索尔说的那样是"星期日"! 读者完全可以亲自计算去戳穿乌索尔大主教的骗人把戏。要注意的是,公元前 4004 年恰为闰年,这一年的 2 月有 29 天!

六、神奇的指数效应

时间：1752年7月的一天。

地点：美国费城的一方野地。

天是那样的阴沉，狂风呼啸着，乌云翻滚着，空中响起阵阵震耳的雷声，闪电像利剑划破长天！雨开始落下，人们纷纷跑进屋里躲避。在纷乱中，但见一个中年人带着一个小伙子，顶着风雨，艰难地步向荒野。中年人的手上提着一个大风筝，这是一个特制的风筝：绸制的面，上面缚着一根铁丝，放风筝的细麻绳就系在这根铁丝上，在麻绳的下端挂着一只铜钥匙。

风筝随风越飘越高，雨也渐渐越下越密！猛然，空中亮起了一道闪电，那人身上一阵发颤，手里顿感麻酥酥的。他又试着把手指靠近铜钥匙，手指与钥匙之间竟然闪起了蓝色的火花！此

时此刻，中年人兴奋极了，他忘乎所以地高呼着："我受到电击了！我终于证明了闪电就是电！"

上面讲的就是科学史上著名的"费城实验"。进行这项实验的中年人，就是美国著名的科学家，避雷针的发明人，本杰明·富兰克林（Benjamin

Franklin，1706—1790），那个跟随他实验的小伙子是他的儿子。

富兰克林一生为科学和民主革命而工作，他死后留下的财产并不可观，大致只有 1000 英镑。令人惊讶的是，他竟留下了一份分配几百万英镑财产的遗嘱！这份有趣的遗嘱是这样写的：

……1000 英镑赠给波士顿的居民，如果他们接受了这 1000 英镑，那么这笔钱应该托付给一些挑选出来的公民，他们得把这些钱按每年 5％ 的利率借给一些年轻的手工业者去生息。

这笔钱过了 100 年增加到 131 000 英镑。我希望,那
时候用 100 000 英镑来建立一所公共建筑物,剩下的
31 000 英镑拿去继续生息 100 年。在第 2 个 100 年
末,这笔款增加到 4 061 000 英镑,其中 1 061 000 英镑
还是由波士顿的居民来支配,而其余的 3 000 000 英镑
让马萨诸州的公众来管理。此后,我可不敢多作主
张了!

富兰克林逝世于 1790 年,他遗嘱执行的最后期限,大约在
1990 年左右。读者不禁要问:作为科学家的富兰克林,留下区
区的 1000 英镑,竟立了百万富翁般的遗嘱,莫非昏了头脑?!让
我们按照富兰克林非凡的设想实际计算一下。请看表 6.1。

表 6.1　富兰克林的遗产计算表

期　　限	记　　号	遗产数(英镑)
初始	A_0	1000
第 1 年末	A_1	$A_0(1+5\%)$
第 2 年末	A_2	$A_0(1+5\%)^2$
⋮	⋮	⋮
第 100 年末	A_{100}	$A_0(1+5\%)^{100}$
⋮	⋮	⋮
第 n 年末	A_n	$A_0(1+5\%)^n$

从而　　　　　$$b_n=\frac{A_n}{A_0}=(1+5\%)^n$$

上式显然是函数 $y=a^x$ 当 $a=1.05$ 时的特例。在数学上

形如 $y=a^x$ 的函数被称为指数函数,其中 a 约定为大于 0 且不等于 1 的常量。

图 6.1 画出了指数函数 $y=2^x$, $y=10^x$, $y=\left(\dfrac{1}{2}\right)^x$ 的图像。

从图像容易看出:当底 a 大于 1 时,指数函数是递增的,而且越增越快;反之,当底 a 小于 1 时,指数函数递减。

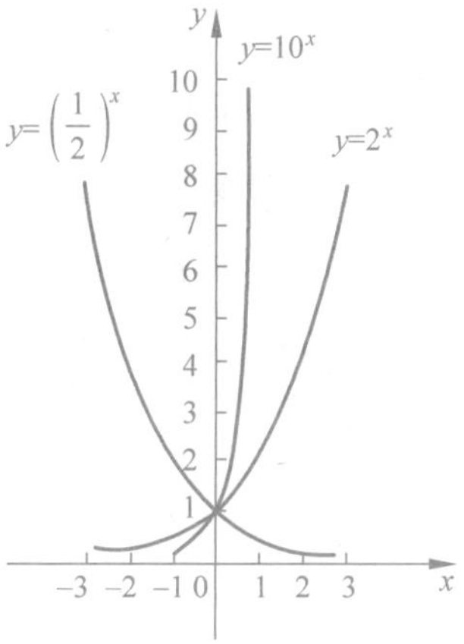

让我们观察故事中 $b_n=1.05^n$ 值的变化,不难算得:

当 $x=1$ 时, $b_1=1.05$;

当 $x=2$ 时, $b_2=1.103$;

当 $x=3$ 时, $b_3=1.158$;

$\vdots$

图 6.1

当 $x=100$ 时, $b_{100}=131.501$。

这意味着,上面的故事中,在第 1 个 100 年末富兰克林的财产应当增加到

$$A_{100}=1000\times1.05^{100}=131\,501(英镑)$$

这比富兰克林遗嘱中写的还多出 501 英镑呢!在第 2 个 100 年末,他拥有的财产就更多了:

$$A'_{100}=31\,501\times1.05^{100}=4\,142\,421(英镑)$$

可见富兰克林的遗嘱在科学上是站得住脚的!

微薄的资金,低廉的利率,在神秘的指数效应下,可以变得令人瞠目结舌。这就是富兰克林的故事给人的启示!历史上由于没能意识到这一点而吃亏的,真是不乏其人,大名鼎鼎的拿破仑·波拿巴(Napoleon Bonaparte,1769—1821)就是其中的一个。

拿破仑还算得上是一位与数学有缘分的人,至今仍有一条几何学上的定理,归属于他的名下。这一条定理是:若在任意三角形的各边向外作等边三角形,则它们的外接圆圆心相连也构成一个等边三角形,如图6.2所示。

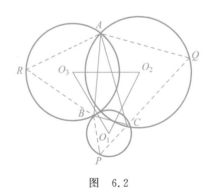

图　6.2

然而,这位显赫的将军,却在无意中陷进了指数效应的旋涡!

1797年,当拿破仑参观卢森堡的一所国立小学的时候,赠上了一束价值3个金路易的玫瑰花,并许诺说,只要法兰西共和国存在一天,他将每年送一束价值相等的玫瑰花,以作为两国友谊的象征。此后,由于火与剑的征战,拿破仑忘却了这一诺言!
当时间的长河向前推进了近一个世纪之后,1894 年,卢森堡王
国郑重向法兰西共和国提出了"玫瑰花悬案",要求法国政府在
拿破仑的声誉和 1 375 596 法郎的债款中,二者选取其一。这笔
高达百万法郎的巨款,就是 3 个金路易的本金,以 5%的年利
率,在 97 年的指数效应下的产物。这一历史公案使法国政府陷
入极为难堪的局面,因为只要法兰西共和国继续存在,此案将永
无了结的一天!

不过,指数效应更多是积极的方面,许多人有效地利用它,
使自己成为知识和财富的主人!

驰名全球的美国苹果电脑公司,是 1977 年由两位年轻的创
业者成立的,他们齐心协力,苦心经营,使销售量以平均每年
171%的增长率递增。在短短的 6 年时间内,他们的销售额从
250 万美元,增加到近 10 亿美元:

$$A = 2.5 \times 10^6 \text{ 美元} \times (1 + 1.71)^6 = 9.9 \times 10^8 \text{ 美元}$$

苹果公司也从一个挤在车库中办公的不显眼的小公司,一跃而
成为世界闻名的大企业。两个年轻人也因此成为亿万财富的
主人!

指数函数不仅在数学、物理、天文上应用极广,而且在其他
自然科学甚至社会科学上也大有用处!以指数规律变化的自然
现象和社会现象,有一种极为重要的特性,即量 A 的变化量
ΔA,总是与量 A 本身及其变化时间 Δt 成正比

$$\Delta A \propto A \Delta t$$

事实上，令 $A = f(t) = a^t$，则

$$\Delta A = a^{t+\Delta t} - a^t = a^t(a^{\Delta t} - 1)$$

$$= A\Delta t\left(\frac{a^{\Delta t} - 1}{\Delta t}\right)$$

数学上可以证明，上式右端括号内的量，当变化时间很短时，趋向一个极限 K（实际上等于 $\ln a$），从而证得

$$\Delta A \approx KA\Delta t$$

反过来，数学家也已经证明：如果量 A 的变化量与它本身及变化时间成正比（比例系数为 K），那么此时必有

$$A = A_0 e^{Kt}$$

这里 A_0 是变量 A 的初始值（$t=0$），数 $e = 2.718\cdots$ 则是一个与圆周率 π 一样重要的数学常量。

七、数学史上最重要的方法

在历史上,大约没有哪一个发现会比对数的发现,能使更多的人意识到数学家对人类文明的贡献!

今天,几乎所有的中学生都拥有自己的手机或计算机,在手机中有计算器,而计算机中计算的软件就更多了,如 Excel 等。在这些计算工具上,运算乘法和运算加法,几乎是同样的方便和容易,而这在 400 多年前简直是无法想象的!

16 世纪的欧洲,资本主义迅速发展,科学和技术也一改中世纪停滞不前的局面。天文、航海、测绘、造船等行业,不断向数学提出新的课题。这种情况下,集中暴露出来一个令人头痛的问题:在星体的轨道计算、船只的位置确定、大地的形貌测绘、船舶的结构设计等一系列课题中,人们所遇到的数据越来越庞杂,所需要的计算越来越繁难!无数的乘除、乘方、开方和其他运算,耗费了科学家们大量宝贵的时间和精力。更加令人难堪的是,一方面,这些课题所提的问题迫使科学家不得不付出极长的计算时间;另一方面,问题的解决又无法等待这样长的时间!正如航行在大海上的船只,是无法停下来等待确定好经纬度后再扬帆起航的!

那么究竟路在何方呢?数学家们终于出来急其所难了!于是各种门类的表格——平方表、立方表、平方根表、圆面积表等,便应运而生。这些表格确实解决过一时燃眉之急,总算给人们焦虑的心头,洒上了几滴甘甜的露水。但曾几何时,科学家们又深深地陷入了新的计算的苦海!

在一阵制造表格的浪潮中,终于有人别开生面、独树一帜。他们利用公式

$$ab = \frac{1}{4}(a+b)^2 - \frac{1}{4}(a-b)^2$$

使得只要用一种"1/4 平方表",便可以求出两数的乘积。这种表的计算方法是:用两数和的平方的 1/4,减去它们差的平方的 1/4。读者不难发现,这种表还能用来求数的平方或平方根,如果和倒数表联合使用,甚至可以简化除法运算!

不过,"1/4 平方表"的局限是很明显的。像上一节讲到的"富兰克林遗嘱"和"玫瑰花悬案"那样的问题,是无法用"1/4 平方表"很快地计算出来的!

在表格的海洋中，人类就这么茫然地行驶了 50 多年，直至 16 世纪 40 年代，才迎来了希望的曙光。

1544 年，著名的哥尼斯堡大学教授，德国数学家米歇尔·施蒂费尔（Michele Stiefel，1487—1567），在简化大数计算方面迈出了重要的一步。在《普通算术》一书中，施蒂费尔宣布自己发现了一种有关整数的奇妙性质，他认为："为此，人们甚至可以写出整本的书……"

那么，施蒂费尔究竟发现了什么呢？原来他如同表 7.1 那样比较了两种数列：等比数列和等差数列。

表 7.1　等比数列和等差数列

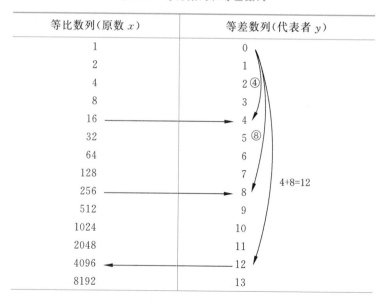

等比数列（原数 x）	等差数列（代表者 y）
1	0
2	1
4	2 ④
8	3
16	4
32	5 ⑧
64	6
128	7
256	8
512	9
1024	10
2048	11
4096	12
8192	13

4+8=12

续表

等比数列(原数 x)	等差数列(代表者 y)
16 384	14
32 768	15
65 536	16
131 072	17

　　施蒂费尔把等比数列的各数称为"原数",而把等差数列的对应数称为"代表者"(即后来的"指数")。他惊奇地发现,等比数列中的两数相乘,其乘积的"代表者",刚好等于等差数列中相应两个"代表者"之和;而等比数列中的两数相除,其商的"代表者",也恰等于等差数列中两个"代表者"之差。施蒂费尔得出的结论是:可以通过如同表 7.1 那样的比较,把乘除运算化为加减运算!

　　可以说施蒂费尔已经走到了一个重大发现的边缘。因为他所讲的"代表者" y,实际上就是现在以 2 为底 x 的对数

$$y = \log_2 x$$

而使施蒂费尔惊喜万分的整数性质就是

$$\log_2(M \cdot N) = \log_2 M + \log_2 N$$

$$\log_2\left(\frac{M}{N}\right) = \log_2 M - \log_2 N$$

　　对于这些对数公式,今天的中学生是很熟悉的!

　　历史常常惊人地重复着这样的人和事:当发现已经近在咫尺,只因一念之差,却被轻易错过! 施蒂费尔大约就是其中令人

惋惜的一个。他困惑于自己的表格为什么可以算出 $16 \times 256 = 4096$，却算不出更简单的 $16 \times 250 = 4000$。他终于没能看出在离散中隐含着的连续，而是感叹于自己研究问题的"狭窄"，从而在伟大的发现面前，把脚缩了回去！

正当施蒂费尔感慨于自己智穷力竭之际，在苏格兰的爱丁堡诞生了一位杰出人物，此人就是对数的发明人约翰·纳皮尔(John Napier,1550—1617)。

约翰·纳皮尔

纳皮尔出身于贵族家庭，他天资聪慧，才思敏捷，从小受到良好的家庭教育，13 岁便进入了圣安德鲁斯大学学习。纳皮尔 16 岁出国留学，因此学识大进。1571 年,纳皮尔怀抱志向回国。他先是从事天文、机械和数学的研究,并深为复杂的计算所苦恼。1590 年,纳皮尔改变研究方向,潜心于简化计算的工作。他匠心独运,终于在施蒂费尔的基础上,向前迈出了具有划时代意义的一步！

说来也算简单！纳皮尔只不过是让任何数都找到了与它对应的"代表者"。这相当于在施蒂费尔离散的表中,密密麻麻地插进了许多的中间值,宛如无数的纬线穿行于经线之中,显示出布匹般的连续！

1594 年,纳皮尔开始精心编制可供实用的对数表。在经历了 7300 多个日日夜夜之后,一本厚达 200 页的 8 位对数表终于诞生了！1614 年,纳皮尔发表了《关于奇妙的对数法则的说明》一书,书中论述了对数的性质,给出了有关对数表的使用规则和实例。法国大数学家拉普拉斯说得好:"如果一个人的生命是拿他一生中的工作多少来衡量,那么对数的发明,等于延长了人类的寿命!"纳皮尔终于用自己 20 年的计算,节省了人们无数时间!

不幸的是,纳皮尔的工作虽然延长了他人的"寿命",却没能使自己的生命得以延长。就在纳皮尔著作发表后的第 3 个年头,1617 年,这位受后人缅怀的杰出数学家,因劳累过度,不幸谢世。

纳皮尔的对数发明颇具传奇性。在当时的欧洲,代数学仍处于十分落后的状态,甚至连指数概念尚未建立。在这种情况下先提出对数概念,不能不说是一种奇迹！纳皮尔的对数是从一个物理上的有趣例子引入的:两个质点 A、B 有相同的初速度 v。质点 A 在线段 OR 上作变速运动,速度与其到 R 的距离成正比;质点 B 作匀速直线运动。今设 $AR=x$,$O'B=y$,试求 x,y 之间的关系,如图 7.1 所示。

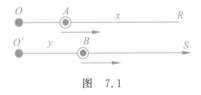

图　7.1

纳皮尔经过仔细分析后发现：当我们任意给定一个正整数 n，质点在线段 OR 上走过 $AR(=X)$ 的 $\dfrac{1}{n}$ 时，质点 A 的瞬时末速度是一个无穷递缩等比数列：

$$v,\quad v\left(1-\frac{1}{n}\right)^1,\quad v\left(1-\frac{1}{n}\right)^2,\quad v\left(1-\frac{1}{n}\right)^3,\quad\cdots,$$

$$v\left(1-\frac{1}{n}\right)^t,\quad\cdots$$

从而量 x 在变化时也可以看成是一个无穷递缩等比数列；而 y 在变化时显然可以看成是一个无穷递增的等差数列

$$0,v,2v,3v,4v,\cdots,tv,\cdots$$

这样一来，在变量 y 与变量 x 之间便建立起了函数关系。纳皮尔把 y 称为 x 的对数，用现在的式子写就是

$$v=\log_{\frac{1}{e}}x=\ln\left(\frac{1}{x}\right)$$

这里符号 $\ln$ 表示"自然对数"，对数的底就是上一节讲的 e。这与今天课本上讲的"常用对数"有所不同，后者是以 10 为底的。

在数学上，对数函数的一般表示式为

$$y=\log_a x$$

改写成指数形式便有

$$x=a^y$$

在上式中，如果把变量 x 看成变量 y 的函数，并改用常用

的函数和自变量符号,则有

$$y = a^x$$

这样得到的函数,我们称为原函数的反函数。两个互为反函数的图像,在同一坐标系里关于第Ⅰ、Ⅲ象限的角平分线为轴对称。反函数图像的这一特性,在图 7.2 中可以看得很清楚。

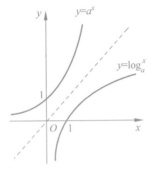

图 7.2

对数是 17 世纪人类最重大的发现之一。在数学史上,纳皮尔的对数、笛卡儿的解析几何以及牛顿和莱布尼茨的微积分三者齐名,被誉为"历史上最重要的数学方法"!

对数于 1653 年传入我国。1664 年,我国学者薛凤祚(? —1680)编译了《天学会通》丛书。在国内,这是第一部介绍对数和对数表的著作。

八、永不磨灭的功绩

　　是时势造就英雄,还是英雄造就时势？这是个颇值争议的问题。数学史学家的回答是：数学科学的任何成就,除了时代的机遇,个人的才华之外,往往需要一批人甚至几代人的努力!

　　施蒂费尔的"指数"思想,实际上早在公元前 3 世纪就已有过!那时,古希腊数学家阿基米德(Arehimedes,公元前 287—前 212)在他的名著《计砂法》中,就曾研究过以下两个数列:

$$1,10,10^2,10^3,10^4,10^5,\cdots$$

$$0,1,2,3,4,5,\cdots$$

并发现了幂的运算与指数之间的联系。然而,由于阿基米德的天才思想大大超越了

阿基米德

那个时代,智慧的火花终因后继无人而湮灭了!

就在施蒂费尔把脚从对数的宫殿缩回去后不到 60 年,在英吉利海峡两边的不同国度里,却几乎同时萌发了对数的新芽!时代把机遇同时给了两个人:一位是上一节中讲到的纳皮尔,另一位是聪明绝顶的瑞士钟表匠标尔格。后者是著名天文学家开普勒的助手,出于天文计算的需要,他于 1611 年,制成了世界上第一张以 e 为底的四位对数表。

不过,纳皮尔的工作是无与伦比的。他的非凡成果惊动了一位伦敦的天文数学家,牛津大学教授亨利·布里格斯(Henry Briggs,1561—1631)。布里格斯几乎陶醉于纳皮尔奇特而精妙的对数理论,渴望能亲睹这位创造者的容颜!

1616 年初夏,布里格斯去信给纳皮尔,希望能有机会亲自拜访他。纳皮尔久仰布里格斯大名,立即回信,欣然应允,并订下了相会的日期。不久,布里格斯便登上了前往爱丁堡的旅途。

伦敦与爱丁堡之间路遥千里,而当时最快的交通工具只有马车,虽则日夜兼程,也需要数天时间。而两位科学家却早已心驰神往,大家都盼望着这次会面时刻的到来!

俗话说:好事多磨。偏偏在这个节骨眼上,布里格斯的马车中途因故抛锚。布里格斯心急如焚,却又无可奈何!此后虽已加速前行,但终因此番耽搁,以致没能如期抵达爱丁堡。

话说另一头,在约定的日子里,纳皮尔左等右等,还是不见布里格斯的身影,焦虑使这位年近古稀的老人坐立不安。一天后,正当纳皮尔望眼欲穿之际,突然门外响起了阵阵铃声。纳皮尔喜出望外,急忙向大门奔去……当风尘仆仆的布里格斯出现在纳皮尔面前时,两位初次见面的数学家,像老朋友般紧紧地握住对方的双手,嘴唇颤动着,却久久说不出话来!

在很长一段时间之后,布里格斯终于先开了口:"此番我乐于奔命,唯一的目的是想见到您本人,并想知道,是什么样的天赋使您第一个发现了这个对天文学妙不可言的方法。"

这次会面使两位数学家结成了莫逆之交。布里格斯根据自己在牛津大学的讲学经验,建议纳皮尔把对数的底数改为10,主张

$$\log_{10}1 = \lg 1 = 0$$
$$\log_{10}10 = \lg 10 = 1$$

这样,一个数 N 的对数,便可明确地分成两个部分:一部分是对数首数,只与数 N 的整数位数有关;另一部分是对数尾数,则由数 N 的有效数字确定。这就是说,若

$$\lg N = \alpha.\times\times\times\times$$

则
$$\begin{cases} \alpha = [\lg N] \\ 0.\times\times\times\times = \lg N - [\lg N] \end{cases}$$

有道是：英雄所见略同。纳皮尔对布里格斯的建议大为赞赏，认为这种以 10 为底的对数，对于通常的计算更为实用！

就这样，纳皮尔又以全部的精力投入了新对数表的制作，直至其不幸逝世。

纳皮尔未竟的事业由布里格斯继承了下去。经历了艰难的 8 年计算，1624 年，世界上第一本 14 位的常用对数表终于问世。不过，布里格斯的对数表实际上并不完全，只有 1～20 000 及 90 000～100 000 各数的对数。这一对数表的空隙部分，4 年后才由荷兰数学家符拉克补齐。

随着对数应用的扩大，各类精度更高的对数表，像雨后春笋般相继出现，蔚为壮观！其中有 20 位的，48 位的，61 位的，102 位的，而如今雄踞位数榜首的，是亚当斯的 260 位对数！

随着对数表位数的增加，表格的厚度也越来越厚：4 位对数表只需 3 页；5 位对数表就需 30 页，而 6 位对数表则需 182 页……面对着一本厚于一本的表格，人们终于开始反思。实践使他们意识到，表的位数如果多于计算量的度量精度，那么表的位数越高，造成的时间和精力的浪费也就越大！于是，在实用的指导下，人们又逐渐从高位对数表，退回到低位对数表上来。在很长的一段时间里，全世界的教科书几乎都采用 4 位对数表。

对多位对数表反思的另一个结果，是更为快速的计算工具的诞生。图8.1是一把曾经常见的计算尺式样,标尺上的读数分为三级,因此可以读出 3 个有效数字。对精度要求不太高的计算,计算尺是十分方便的!

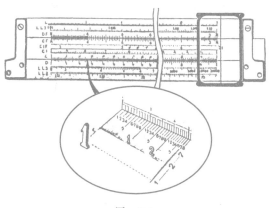

图　8.1

　　计算尺的前身是纳皮尔算筹,它是纳皮尔于 1617 年发明的,是在一些长方形的板片上刻写数码,对起来进行乘除、乘方、开方运算。纳皮尔算筹于 1645 年由汤若望引进中国,当时国内学者对此兴趣颇高。这种算筹目前在北京故宫博物院仍然藏有数套。

　　对数表和计算尺源出同宗,但优劣各异:精度高的速度慢;速度快的精度低。是否存在得兼两者长处的计算工具呢?几个世纪来,科学家们用自己的聪明才智,进行着努力的探索!

　　1642 年,22 岁的法国数学家布列斯·帕斯卡(Bryce

Pascal，1623—1662）制造出了世界上第一台加法计算机，打响了攻坚的第一炮。

1677 年，著名的德国数学家莱布尼茨发明了乘法计算机。

1847 年，俄国工程师奥涅尔研制成了世界上第一部功能完善的手摇计算机。

我国人工计算机的研制工作起于清初康熙年间。在 1685—1722 年间我国自行制造的原始手摇计算机，至今仍有 10 台保存于故宫博物院。

冯·诺依曼

世界上第一台电子计算机，是 1946 年，在美籍匈牙利数学家冯·诺依曼（Von Neumann，1903—1957）领导下制成的。它标志着人类开始走进一个光辉的时代——电子时代！

今天，电子计算机已经更新了十几代，功能远非 70 多年前所能相比，就拿计算速度来说，截至 2019 年 6 月，世界上前 500 强的超级计算机，其运算速度都超过 10^{15} 次/秒，而像美国橡树岭国家实验室的 Summit 超算，以及我国曾数度摘得国际超算桂冠的"神威·太湖之光"等，其浮点运算的峰值都已接近或达到 2×10^{17} 次/秒。如今，虽说各式各样先进的电子计算工具早已替代了计算尺和对数表，然而，对数表的发明和它在历史上的功绩，将永不磨灭！

九、并非危言耸听

癌症对人类的威胁终于引起了政治家们的注意。他们开始意识到,对付人类的共同敌人,不应当存在国界!

1972 年,再次当选为美国总统的尼克松,建议美苏两国联合攻克癌症。建议立即被采纳,最直接的结果是双方互赠研究成果:美国赠送的是供研究的 23 种致癌病毒,苏联回赠的是 6 名癌症患者的癌细胞标本。

翌年 1 月,美国国立癌症研究中心决定,将苏联的癌细胞标本分送给几位科学家研究。其中的一份,送到了加州细胞培养实验所所长尼尔森·芮斯博士手上。芮斯博士在显微镜下仔细检查了全部标本,惊奇地发现这些细胞第 23 对的染色体,全部都是女性的 XX!

芮斯博士对此百思而不解,转而求教于生物学家皮特森教授。教授对培养物进行了严格的查验,结果得出了更加令人震惊的结论:所有的培养物,清一色地含有一种特殊的酶,而这种酶几乎只有黑色人种才会有。

芮斯博士决心对此弄个水落石出。经过几番周折,他终于弄清了,所有苏联赠送的 6 种标本,全是 20 多年前死去的美国黑人拉克丝的细胞!

原来拉克丝 1951 年 10 月死于一种罕见的子宫颈癌。这种特殊的癌细胞具有极强的繁殖力和生命力。拉克丝从发现第一个病灶到死亡,整个过程不足 8 个月。这对于普通的子宫颈癌来说,是绝无仅有的。拉克丝死时情状极惨,整个腹腔几乎都被癌细胞所占领!科学家们提取这种癌细胞加以培养,发现这些癌细胞竟以

$$y = A_0 \times 2^x$$

这样的指数曲线疯狂地生长!每 24 小时便增加一倍(上式中 A_0 为原始数量,x 为天数)。就这样,这种新发现的癌细胞被命名为"海拉",并被严格控制于实验室。

"海拉"细胞在不足一个月时间内,便能增加数千万倍,这使过去一直认为的,健康细胞"自发"转变为癌细胞的神秘现象,得到了新的解释。原来所谓"自发"转变,只不过是"海拉"细胞消

灭并占领了整个培养物！

然而时隔 20 多年，"海拉"细胞不仅没有死亡，而且还令人费解地流传到国外，出现在莫斯科！于是，芮斯博士撰文向全世界敲起了警钟："如果听任'海拉'细胞在最适宜的情况下毫无抑制地生长，那么到现在为止，它们很可能已经占领整个世界！"

这是危言耸听吗？不！这是科学的结论！

我想读者一定还记得印度舍罕王重赏国际象棋发明者的故事。在那里，仅 64 个格子翻倍的麦粒，就多达

$$2^{64} - 1 \approx 1.84 \times 10^{10}（粒）$$

这几乎相当于当今全世界两千年小麦的产量！

然而，对于"海拉"细胞的繁殖来说，要达到这个数量，只需两个月多一点时间。如果任其疯狂生长，那么按理论计算，一年后将达到

$$y = A_0 \times 2^{365}$$

现在，我们已经有了对数工具，让我们计算一下，这究竟是多大的数量

因为
$$\lg y = \lg A_0 + \lg 2^{365}$$
$$= \lg A_0 + 365 \times \lg 2$$
$$= \lg A_0 + 365 \times 0.3010$$

所以
$$\lg\left(\frac{y}{A_0}\right) = 109.865$$

从而
$$y = 7.328 \times 10^{109} A_0$$

这样多的细胞,不要说占领整个地球,就是占领整个宇宙也不算过分!

好在人类已经学会了对生物的有效控制:适时地制止一些有害生物指数般的繁殖和生长;并按人类的需要,挽救那些濒临灭绝的动植物,人为地让它们在适宜的环境中繁衍生息,传宗接代!

具有讽刺意味的是,人类虽然很早就注意控制生物,却迟迟才注意控制人类自己,世界人口依然按一条可怕的指数曲线在增长着!

公元初地球上的人口不足 2.5 亿,到 1650 年世界人口刚达到 5 亿,让我们计算一下这段时间世界人口的增长率 P:

因为
$$5 \times 10^8 = 2.5 \times 10^8 (1+P)^{1650}$$

所以
$$2 = (1+P)^{1650}$$

$$\lg 2 = 1650 \lg(1+P)$$

因为 $\lg(1+P) = 0.3010 \div 1650 = 0.000\,182\,4$

所以
$$1+P = 1.000\,42$$

$$P = 0.042\%$$

这就是说,在公元后的 1600 多年里,人口每年只平均增长 0.04% 多一些。然而,1650—1800 年,仅一个半世纪,世界人口就翻了一番。可以算出这期间世界人口的增长率为 0.46%,比之前高了 10 倍! 而 1800—1930 年,世界人口再次翻番,达 20 亿,到 1975 年又翻番达 40 亿,到 1987 年达 50 亿,到 2011 年达

70 亿,到 2019 年达 77 亿……如图 9.1 所示,世界人口沿着一条越来越陡峭的曲线直指上方!

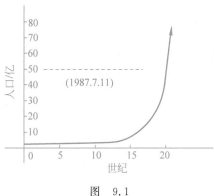

图 9.1

爆炸的人口!人口的爆炸!我们这个星球喘息了!她开始感觉到了自己负担的沉重!

1972 年,举世瞩目的联合国人类环境会议,在瑞典首都斯德哥尔摩召开了,会议提出了以下口号:

"只有一个地球!"

科学家们告诫说,我们这个赖以生存的地球,最多只能养活 80 亿～100 亿人类。然而,按目前世界人口增长的速度,不久的将来,世界人口将突破 100 亿,再下去地

球将无法承担这一负荷,人类将最终毁灭自己!

这是危言耸听吗? 不! 这是科学向人类提出的警告!

1987 年 7 月 11 日,生活在这个星球上的第 50 亿个人,在南斯拉夫的萨格勒布市诞生了! 这一天,联合国人口活动基金会组织,向世界各国首脑分别赠送了一台特制的"人口钟"。这是一种奇异的计时器,它除通常钟表功能外,还能显示该时刻世界总人口的预测数,以及每分钟各国人口的变化,它将随时提醒各国首脑重视人口问题。

我们这个古老的民族,生息在占世界 1/15 的土地上,但却拥有世界人口的近 1/5。当我们年轻共和国的领导人,接过这台"人口钟"的时候,大家都感受到它的沉重分量,耳际似乎轰响着那长鸣的警钟!

十、追溯过去和预测将来

大家一定还记得那个毫无科学头脑的乌索尔大主教吧！在"五、揭开星期几的奥秘"中我们讲过，严肃、理智的科学家们，用铁的事实证实了我们这个星球早已存在了几十亿年。那么地球的年龄究竟有多大呢？人类是怎样运用自己的智慧去追溯遥远的过去呢？

1896 年，法国物理学家亨利·贝克勒尔（Henri Becquerel，1852—1908）发现，铀的化合物能放射出一种肉眼看不见的射线，这种射线可以使夹在黑纸里的照相底片感光。物质的这种现象引起了一位后来名扬四海的女科学家玛丽·居里（Marie Curie，1867—1934）的注意。居里夫人想，该不是只有铀才能发出射线吧！经她潜心研究，终于发现了一些放射性更强的元素。

1903 年,杰出的英国物理学家欧内斯特·卢瑟福(Ernest Rutherford,1871—1937),设计了一个极为巧妙的实验,证实了放射性物质放出的射线有 3 种,而且在放出射线的同时,本身有一部分蜕变为其他物质。蜕变的速度不受冷热变化、化学反应及其他外界条件的影响。

经过科学家们的不懈努力,人们终于弄清了放射性蜕变的量的规律:即蜕变的变化量 Δm,与当时放射性物质的质量 m 及蜕变时间成正比。也就是说

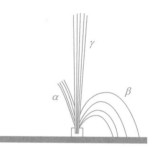

$$\Delta m \propto - m \Delta t$$

右端的负号是因为蜕变后放射性物质减少的缘故。

上式写成等式便是

$$\Delta m = - km \Delta t$$

在"六、神奇的指数效应"中我们讲过,这时有

$$m = m_0 e^{-kt}$$

下面我们看一看,究竟需要多长时间,才能使放射性物质蜕变为原来的一半。为此,我们令 $m = \dfrac{1}{2} m_0$,于是

$$\frac{1}{2} = e^{-kt}$$

$$\lg \frac{1}{2} = -kt \lg e$$

从而 $$t = \frac{\lg 2}{k \lg e} = 0.693 \times \frac{1}{k}$$

这是一个常量,这个常量只与放射性物质本身有关,称为该放射性物质的半衰期。图 10.1 画的是镭的衰变情况:每隔 1620 年质量减为原来的一半。表 10.1 列的是一些重要放射性物质的半衰期。

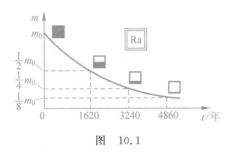

图　10.1

表 10.1　部分放射性物质的半衰期

元　　　素	同位素符号	半　衰　期
钍	Th 232	1.39×10^{10} 年
铀 I	U　238	4.56×10^9 年
镭	Ra 226	1620 年
钋 I	Po 210	138 天
钋 II	Po 214	1.5×10^{-4} 秒
钋 III	Po 216	0.16 秒
铀 II	U　234	2.48×10^5 年

铀是最常见的一种放射性物质,由表 10.1 得知,它的半衰期为 45.6 亿年。也就是说,过 45.6 亿年之后,铀的质量剩下原

来的一半。由于铀蜕变后,最后变成为铅,因此我们只要根据岩石中现在含多少铀和多少铅,便可以算出岩石的年龄。科学家们正是利用上述的办法,测得地球上最古老岩石的年龄为30亿年。当然,地球年龄要比这更大一些,估计有45亿~46亿年!

上面用到的数学方法,不仅可以使我们科学地追溯过去,而且可以帮助我们科学地预测将来。预见往往带有神秘的色彩,甚至显得惊心动魄!然而,在神秘性的迷雾中,科学性往往被忽视!很难有一个故事能比儒勒·凡尔纳(Jules Verne,1828—1905)笔下的"大力士",更生动地说明这一点了!在《马蒂斯·桑多尔夫》这部小说里,作者描述了一个精彩动人的故事:

> 已经移去了两旁撑住船身的支持物,船准备下水了。只要把缆索解开,船就会滑下去。已经有五六个木工在船的龙骨底下忙着。观众满怀着好奇心注视着这件工作。这时候却有一只快艇绕过岸边凸出的地方,出现在人们的眼前。原来这只快艇要进港口,必须经过"特拉波科罗"号准备下水的船坞前面。所以一听见快艇发出信号,大船上的人为了避免发生意外,就停止了解缆下水的操作,让快艇先过去。假使这两条船,一条横着,另一条用极高的速度冲过去,快艇一定会被撞沉的。
>
> 工人们停止了锤击。所有的眼睛全都注视着这只

华丽的船。船上的白色篷帆在斜阳下像镀了金一样。
快艇很快就出现在船坞的正前面。船坞上成千的人都
出神地看着它。突然听到一声惊呼,"特拉波科罗"号
在快艇的右舷对着它的时候,开始摇摆着滑下去了。
两条船就要相撞了!已经没有时间、没有方法能够阻
止这场惨祸了。"特拉波科罗"号很快地斜着向下面滑
去……船头卷起了因摩擦而起的白雾,船尾已经没入
了水。

突然出现了一个人,他抓住"特拉波科罗"号前部
的缆索,用力地拉,几乎把身子弯得接近了地面。不到
一分钟,他已经把缆索绕在钉在地里的铁桩上。他冒
着被摔死的危险,用超人的气力,用手拉住缆索大约有
10 秒钟。最后,缆绳断了。可是这 10 秒时间已经很
足够:"特拉波科罗"号进水以后,只轻轻擦了一下快
艇,就向前驶了开去!

快艇已经脱了险。至于这个阻止惨祸发生的
人——当时别人甚至来不及帮助他——就是马蒂斯。

下面我们用数学的方法来分析一下"特拉波科罗"号事件。

1748 年,瑞士数学家莱昂哈德·欧拉在他的传世之作《无
穷小分析引论》中研究了滚轮摩擦的问题(图 10.2)。欧拉发
现,对于一个很小的转角 $\Delta\alpha$,绳子的张力差的量值 ΔT 与 T 及

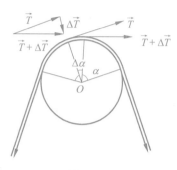

图　10.2

Δa 成正比。即

$$\Delta T \propto T \Delta \alpha$$

写成等式为

$$\Delta T = -kT \Delta \alpha$$

式中 k 为摩擦系数,负号是因为问题中张力的值是减少的。根据"六、神奇的指数效应"中讲过的公式,我们有

$$T = T_0 e^{-k\alpha}$$

这就是著名的欧拉滚轮摩擦公式。

现在我们回到故事中来。假定"特拉波科罗"号船体重 50 吨,船台坡度为 1:10,那么船的下滑力约为 49 000 牛;又假设马蒂斯来得及把缆绳在铁桩上绕了 3 圈,即 $\alpha = 2\pi \times 3 = 6\pi$;而绳索与铁桩之间的摩擦系数 $k = 0.33$。

把上述数值代入欧拉公式,便可得到马蒂斯拉住绳子另一头所需要的气力 T(单位:牛)为

$$T = 49\,000 \times e^{-0.33 \times 6\pi}$$

T 的值是很容易用对数的方法或用计算器求出来的：

$$\begin{aligned}
\lg T &= \lg 49\,000 - 0.33 \times 6 \times 3.1416\lg e \\
&= 4.6901 - 0.33 \times 6 \times 3.1416 \times 0.4343 \\
&= 1.9886 \\
T &= 97.44
\end{aligned}$$

　　这就是说，儒勒·凡尔纳笔下那位力挽狂澜的人物马蒂斯，实际上所用的力气不足 98 牛。这是连一个少年都能做得到的！不过，马蒂斯虽然无须是一个大力士，但他无疑需要具备非凡的胆量和见识！因此尽管科学最终宣告儒勒·凡尔纳的预测和想象有点出格，但人们依然感谢这位法国文学大师、科幻小说之[＊]父，为我们留下了一则富有意义的、扣人心弦的故事！

十一、变量中的常量

在金融界有许多现象与数学计算息息相关。在前面的章节里,我们已经不止一次地看到,一笔原先并不多的资金,经过一段很长时间之后,变为一笔极其巨大的财产!

今天的银行存款中,存 8 年期的利率,往往高于存 1 年期或存 3 年期的利率。读者可能以为这仅仅是为了鼓励人们去存较长期限的储蓄。实际上这是本该如此的!因为倘若存长期的利率没有比存短期的利率高出一定限度,那么可能存短期的储蓄对储户更加合算!

为说明上述目前大多数读者还不甚了解的道理,我们假定所有存款的年利率均为 12.5%(我们有意地把利率放大,是为了在后述的分析中,有一个明显的区分度)。让我们看一看究竟会出现什么问题!

假设今有甲,持本金 100 元存入银行,存期 8 年。容易算出,8 年后他连本带利恰好取回 200 元。

又假设乙,也持本金 100 元存入银行,存期 4 年,4 年后取出,旋即又将本利再次存入,又存 4 年。容易算出,前后 8 年乙连本带利共可收回(单位:元)

$$a_2 = 100 \times \left(1 + \frac{1}{2}\right)^2 = 225$$

瞧!乙把一次 8 年期的存款,分为两次 4 年期存,本身只多办一道手续,结果竟多得了 25 元,这相当于本金的 1/4,可算是一笔不少的钱数!

再设丙、丁、戊,把 8 年的期限分得更细,分别等分成 3 次存、4 次存和 5 次存。每次取出后又立即将款全数存入。这样,前后 8 年,各人分别得款(单位:元):

$$a_3 = 100 \times \left(1 + \frac{1}{3}\right)^3 = 237.04$$

$$a_4 = 100 \times \left(1 + \frac{1}{4}\right)^4 = 244.14$$

$$a_5 = 100 \times \left(1 + \frac{1}{5}\right)^5 = 248.83$$

同样,某人 N,也有本金 100 元,但把 8 年期限等分成 n 次存,每次取出后再度存入,则 8 年后可得(单位:元):

$$a_n = 100 \times \left(1 + \frac{1}{n}\right)^n$$

可以证明，当分划期限越短时，到期本利和越高。不过，当 n 无限增大时，变量 a_n 也不可能无限增大，它以一个常量为极限，这个常量为：

$$a = \lim_{n \to \infty} a_n$$

$$= \lim_{n \to \infty} \left[100 \times \left(1 + \frac{1}{n}\right)^n \right]$$

$$= 100e = 271.83$$

这就是说，如果存 1 年期的利率为 12.5%，那么存 8 年期的年利率就必须不低于

$$P = \frac{\dfrac{a}{100} - 1}{8} = \frac{2.7183 - 1}{8} = 21.48\%$$

否则便会出现一种混乱的局面：储户为了谋求较高的利息，不惜花时间频繁地取出又存进！

变量中的常量，往往如同上例中的极限值那样，具有深刻的意义！对于那些隐含于变化中的常量，其特殊的意义，有时甚至需要等到问题解答出来，才能知晓！

下面是一道简单而有趣的智力问题。

一艘大船，船舷旁的绳梯共 13 级，每级距离 30 厘米，后 3 级没入水中。此时此刻风平浪静，但马上就要涨潮，潮速每小时 15 厘米。问几小时后再有 3 级没入水中？答案为 4 个字：水涨船高！

在柯尔詹姆斯基的《趣味数学》中,有一则关于旅行的有趣故事。

甲、乙两人骑自行车旅行,甲中途车坏,只好停下来修理,但最后因无法修复而决定舍弃坏车,继续前进。然而,此时两人只有一车,于是约定:一人骑车,一人步行。骑车的人到某一地方把车留下,改为步行,而后面步行的人,走到留车的地方换成骑车。骑一段时间后又改成步行,把车留给后者。如此这般,两人轮流骑车。问从甲的车坏时起,最少需要花多长时间,两人才能同时抵达目的地?假定车坏处(O)与目的地(E)之间的距离为 60 千米,自行车速度为 15 千米/小时,步行速度为 5 千米/小时。

下面让我们通过作图来探讨一下可能的解答。

以 O 为原点,时间为 x 轴,距离为 y 轴,建立坐标系。由于人步行的速度和自行车速度都是变化过程中的常量,因此它们分别表现为坐标系中的射线 OC 和 OD。

如图 11.1(a),令 E_1、E_2 分别为甲、乙两人车坏后第一次和第二次相遇的地点。此时,甲先是步行到 A_1,然后骑车经过 E_1 抵达 A_2,又改成步行到 E_2;而乙则先骑车到 B_1,然后由 B_1 步

行经 E_1 到达 B_2，又改成骑车抵 E_2；当然，在 E_2 相遇后各人依然继续前行。由于车速和人速始终保持不变，所以表示骑车或表示步行的线段，应当各自平行。即四边形 $OA_1E_1B_1$ 及 $E_1B_2E_2A_2$ 均为平行四边形。又注意到甲改步行为骑车，与乙改骑车为步行，位于同一地点。因此线段 A_1B_1 及 A_2B_2 等都平行于 X 轴。假定两次换车的地点距 O 处分别为 y_1, y_2 千米。则因射线 OC、OD 的方程为

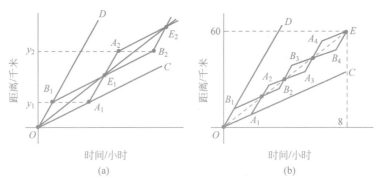

图　11.1

$$OC： \quad y=5x$$

$$OD： \quad y=15x$$

可得 A_1、B_1 两点的坐标如下：

$$A_1\left(\frac{y_1}{5}, y_1\right); \quad B_1\left(\frac{y_1}{15}, y_1\right)$$

从而 E_1 点坐标 (x_{E_1}, y_{E_1}) 为

$$\begin{cases} x_{E_1} = x_{A_1} + x_{B_1} = \dfrac{y_1}{5} + \dfrac{y_1}{15} = \dfrac{4}{15}y_1 \\ y_{E_1} = y_{A_1} + y_{B_1} = 2y_1 \end{cases}$$

因为
$$\frac{y_{E_1}}{x_{E_1}} = \frac{2y_1}{\dfrac{4}{15}y_1} = \frac{15}{2}$$

所以
$$y_{E_1} = \frac{15}{2}x_{E_1}$$

这表明 E_1 点位于由原点发出的斜率为 $\dfrac{15}{2}$ 的射线上。同理，E_2，E_3，…也应当都位于这条射线上。再由于 O 点离目的地 E 距离为 60 千米，因此到达的时间 x 应满足（单位：小时）

$$60 = \frac{15}{2}x$$

从而
$$x = 8$$

上述结果表明：不管甲乙两人在路途上骑车、步行怎样换来换去，只要是同时到达目的地，所用的时间总是 8 小时！这一类变量中的常量，并不是所有人一开始都能知道的。

有时某些变化的量中，总保持着某种特定的关系。一个最常见的例子，就是两个正数 x_1、x_2 的关系式

$$\frac{x_1 + x_2}{2} \geqslant \sqrt{x_1 x_2}$$

这一式子的正确性是显而易见的，因为它等价于

$$(\sqrt{x_1} - \sqrt{x_2})^2 \geqslant 0$$

等式只有当 $x_1 = x_2$ 时才成立。

上面的正数算术平均值与几何平均值的关系式,可以推广到 n 个数。即对于 n 个正数 $x_1, x_2, \cdots, x_n$ 有

$$\frac{x_1 + x_2 + \cdots + x_n}{n} \geqslant \sqrt[n]{x_1 x_2 \cdots x_n}$$

等号当且仅当 $x_1 = x_2 = \cdots = x_n$ 时才成立。

上述不等式的一个简单而巧妙的证明,是利用对数函数 $y = \lg x$ 图像的凸性。所谓函数图像在某区间的凸性是指,在该区间函数图像上的任意两点所连成的线段,整个位于函数图像的下方(或上方)。对数函数 $y = \lg x$ 图像的凸性是很容易证明的,我们建议留给读者。

现设 $x_1, x_2, \cdots, x_n$ 为 n 个正数,已按从小到大排列。又 A_1 为相应于横坐标为 x_1 的,$y = \lg x$ 图像上的点。易知,多边形 $A_1 A_2 \cdots A_n$ 为凸多边形,因此点系重心 $G(\bar{x}, \bar{y})$ 必位于多边形内(图 11.2)。

$$\lg \bar{x} \geqslant \bar{y}$$

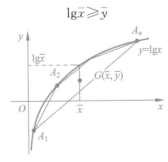

图　11.2

因为
$$\begin{cases} \bar{x} = \dfrac{x_1 + x_2 + \cdots + x_n}{n} \\[3mm] \bar{y} = \dfrac{\lg x_1 + \lg x_2 + \cdots + \lg x_n}{n} = \lg \sqrt[n]{x_1 x_2 \cdots x_n} \end{cases}$$

所以
$$\lg \frac{x_1 + x_2 + \cdots + x_n}{n} \geqslant \lg \sqrt[n]{x_1 x_2 \cdots x_n}$$

从而
$$\frac{x_1 + x_2 + \cdots + x_n}{n} \geqslant \sqrt[n]{x_1 x_2 \cdots x_n}$$

等号当且仅当 $x_1, x_2, \cdots, x_n$ 都相等时才成立。

上述不等式在数学的许多领域,有着广泛和有趣的应用。读者在本书的后面章节中,将会不止一次地发现这一不等式的特殊价值!

十二、蜜蜂揭示的真理

　　天工造物，常常使人惊叹不已！大自然揭示的真理，有时需要几个世纪才能弄清其中的奥秘。生物的进化，积数亿年的优胜劣汰，仍能繁衍至今的，往往包含着"最经济原则"的启迪。蜂窝的构造，大约是最使人心悦诚服的实例！

图　12.1

　　图 12.1 是蜂窝的立体剖面图，读者可以清楚地看到：虽然蜂窝的横断面是由正六边形组成，但蜂房并非正六棱柱，房底是由 3 个菱形拼成。图 12.2 是一个蜂房的取样，底朝上是为了让读者看得更加清晰。对于图 12.2 的形成，我们甚至可以想象得更加具体一点：拿来一支正

六棱柱的铅笔,未削之前,铅笔一端的形状是如图 12.2(b)的正六边形 $ABCDEF$,通过 AC,一刀切下一角,然后沿着 AC 把切下的那一角翻到顶面上去,过 AE、CE 各切同样一角,同 AC 一般翻转上去,便堆成了蜂房的形状。而蜂窝则是由这样的蜂房底部和底部相接而成的。

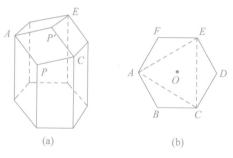

图　12.2

蜂房为什么是正六边形的,这一点人们似乎比较清楚,几亿年的进化成果,提示我们这种结构是最省材料的。事实上这是不难理解的:周长一定的图形中圆的面积最大,然而圆是不能铺满平面的,因此不得不让位给正多边形。那么,究竟有多少种正多边形能够铺满平面呢?读者只需注意到,这样的正多边形内角必能拼成一个周角,就容易明白。这样的正多边形只能有 3 个,即正三角形、正方形和正六边形。从表 12.1 可以看出,以上 3 种图形中正六边形是最

经济的一种。

表 12.1　正多边形的对比

图　　形	面　　积	边长或半径	周　　长
正三角形	1	1.5197	4.559
正方形	1	1	4.000
正六边形	1	0.6204	3.722
圆	1	0.5642	3.545

然而,关于蜂房的底部构造就不那么一目了然了!

18 世纪初,法国学者马拉尔琪曾实测了蜂房底部的菱形,得出一个令人惊异的有趣结论:拼成蜂房底部的每个菱形蜡板,钝角都等于 109°28′,锐角则等于 70°32′。

不久,马拉尔琪的发现传到了另一位法国人列奥缪拉的耳里。列奥缪拉是一名物理学家,他想,蜂房的壁是由蜂蜡构造的,蜂房底部的这种结构,大约应该是最节省材料的!不过列奥缪拉并没有因此而想出个头绪来,只好把自己的想法拿去请教巴黎科学院院士、瑞士数学家克尼格。克尼格经过精心计算,得出了更加令人震惊的结果:根据理论上的计算,建造同样大小的容积,而用材料最少的蜂房,其底部菱形的两角应是 109°26′ 和 70°34′。这与实测的结果仅差 2′。

人们对克尼格的计算技巧和聪明才智倍加赞赏。他们认为,大自然竟能造就出像蜜蜂这样出类拔萃的"建筑师",本身就是一项奇迹。蜜蜂在这样细小的构筑上仅仅误差 $2'$ 是不足为奇的!

不料蜜蜂却不买克尼格的账,它们依然坚持着自己祖先留下的法规,我行我素地建造着自己的巢穴,并迫使大名鼎鼎的科学院院士克尼格承认错误!

说来也是偶然,一艘船只应用克尼格用过的对数表确定方位,不幸遇难。在调查事件起因时,发现船上用过的那张对数表竟然有些地方印错了! 这件事引起了一位著名的苏格兰数学家科林 • 麦克劳林(Colin Maclaurin,1698—1746)的注意。1743年,麦克劳林重新计算了最经济的蜂房结构,得出菱形钝角应为 $109°28'$,锐角为 $70°32'$,与马拉尔琪的实测结果丝毫不差! 克尼格由于对数表的差误,算错了 $2'$。

18 世纪的数学家用高深数学才能计算出的东西,小小的蜜蜂却早在亿万年前,就已投入了实际应用,这是多么的不可思议啊!

我想读者一定很想了解克尼格和麦克劳林的计算。不过我们无须重复他们的老路。250 年来,人们已经找到了许多更加简便的算法。

让我们把问题先作一番简化。本节开始讲过,蜂房底部的构造可以看成是把正六棱柱切去 3 个角,然后翻转到顶面堆砌而成。这样的图形显然没有改变原来正六棱柱的体积。现在问题的症结是,翻转后的表面积是增加还是减少呢?

如图 12.3(a)所示,假定正六棱柱边长为 1,切去 3 个角的

高为 x。很显然，经过切割翻转后的蜂房模型，比起原正六棱柱来说，表面积少了一个面积为 $\dfrac{3\sqrt{3}}{2}$ 的顶面以及 6 个直角边长为 1 和 x 的小直角三角形 $S_\triangle$（图中阴影部分为一个小直角三角形）；但却多了 3 个边长为 $\sqrt{1+x^2}$，其中一条对角线为 $\sqrt{3}$ 的菱形面积 $S_\diamond$。由于菱形面积 $S_\diamond$ 不难算出为

$$S_\diamond = \sqrt{3} \cdot \sqrt{(1+x^2) - \left(\dfrac{\sqrt{3}}{2}\right)^2}$$

$$= \dfrac{1}{2}\sqrt{3} \cdot \sqrt{1+4x^2}$$

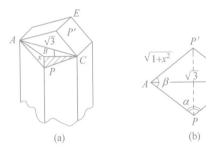

图　12.3

这样，表面积的增加量，便可以表示为 x 的函数 $f(x)$

$$f(x) = 3S_\diamond - 6S_\triangle - \dfrac{3\sqrt{3}}{2}$$

$$= \dfrac{3\sqrt{3}}{2}\sqrt{1+4x^2} - 3x - \dfrac{3\sqrt{3}}{2}$$

显然,使表面积增加量 $f(x)$ 达最小值的 x,便是最经济蜂房所要求的。让我们介绍一种由中学生找到的、求 $f(x)$ 最小值的方法:

令
$$y = f(x) + \frac{3\sqrt{3}}{2}$$

则
$$y + 3x = \frac{3\sqrt{3}}{2}\sqrt{1 + 4x^2}$$

两边平方并加以整理得

$$x^2 - \left(\frac{1}{3}y\right)x + \left(\frac{3}{8} - \frac{y^2}{18}\right) = 0$$

由于 x 必须为实数,从而上面二次方程的判别式

$$\Delta = \frac{1}{9}y^2 - 4 \times \left(\frac{3}{8} - \frac{y^2}{18}\right) \geqslant 0$$

即
$$\frac{1}{3}y^2 - \frac{3}{2} \geqslant 0$$

因为
$$y > 0$$

所以
$$y_{\min} = \frac{3\sqrt{2}}{2}$$

把上述 y 的最小值代入求 x 得

$$x = \frac{\sqrt{2}}{4}$$

算出了 x,也就等于算出了菱形的边长为 $\frac{3\sqrt{2}}{4}$。利用三角函数定义可以算出菱形的钝角 α 和锐角 β[图 12.3(b)]:

$$\sin\frac{\alpha}{2} = \frac{\dfrac{\sqrt{3}}{2}}{\dfrac{3\sqrt{2}}{4}} = \frac{\sqrt{6}}{3} = 0.8165$$

反查正弦函数表可得

$$\frac{\alpha}{2} = 54°44'$$

$$\begin{cases} \alpha = 109°28' \\ \beta = 70°32' \end{cases}$$

这便是蜜蜂所揭示的真理!

十三、折纸的科学

虽说我们中国人对五角星怀有特殊的感情,但人类对五角星的喜爱,却没有明显的界线!

早在公元前的古希腊,人们便深为五角星的魅力所吸引。那不是一般的五角星(图 13.1),而是毕达哥拉斯信徒们俱乐部的徽章!图中的象征性数字,以及如同现代立交桥那般的立体线条,使人们似乎感觉到一种无穷的运动,周期为 5,循环反复,永不休止!

图 13.1

大约不少读者在孩提时代,便已学会了用折纸的办法来剪五角星。图 13.2 直观地表现了这一折法的过程。图中的罗马数字表示折痕的先后顺序。至于折五角星的原理,我想读者看图自明。只是最后一剪似乎带有随意性,因而剪出的图形严格讲只能说是"五角星形",而未必是正五角星。

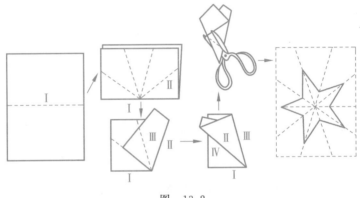

图　13.2

折纸艺术貌似简单,但却包含着深刻的科学道理。折纸的方法也不是单一的。就以折正五角星来说,人们完全不必用上面那样繁杂的折叠手续!实际上只要打一个普通的结就够了!

图 13.3 的 Ⅰ、Ⅱ、Ⅲ形象地表现了打结的过程,所用的道具只是一条长长的纸带而已!可以肯定地说,在此之前,并不是所有的人都知道,我们天天司空见惯的打结动作,实际上正在创造着一个又一个优美的正五角星。图Ⅳ是将图Ⅲ举到亮光下,使人透过外表看到内部的五星图形!读者如能亲自试验一下,一定会有感于大自然赐予的这一奇景!

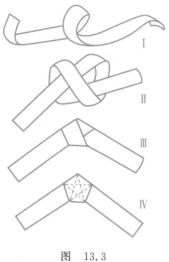

图　13.3

可能读者中会有人以为,折纸只能折出直线的图形,因为折痕无论如何只能是直的。其实,这是一种误解！足够多的直的折痕,有时也能围出优美的曲线。

用纸剪出一个矩形纸片 $ABCD$。如图 13.4(a)那样反复折叠,保证每次折后 A 点都落在 CD 边上。大量的折痕会像图 13.4(b)那样围出一条曲线。这样的曲线,在几何学上称为折痕的包络。图 13.4(b)的包络曲线,是一段抛物线弧。

当你抛掷石子的时候,会看到石子在空中划出一条美丽的弧线。这条弧线是由于石子同时受地心引力和惯性运动两者作用的结果。假设你抛掷石子时与水平成 α 角,又石子出手时速度为 v_0,则在时刻 t 石子运动的位置坐标 (x,y) 为

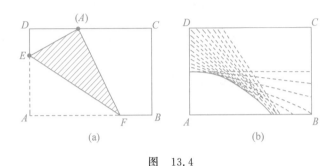

图 13.4

$$\begin{cases} x = v_0 t \cos\alpha \\ y = v_0 t \sin\alpha - \dfrac{1}{2}gt^2 \end{cases}$$

消去时间 t 后,将得到一个关于 x 的二次函数。因此,二次函数的图像也称为抛物线。有趣的是,当我们抛掷的初速度不变,而仅仅改变抛掷角时,将会得到如图 13.5 那样一系列的抛物线,这无数抛物线的包络,也会形成一条抛物线,物理学上称为"安全抛物线"。假如读者有机会欣赏喷水池中喷射出的美丽水帘,那么将会领略这一想象中包络曲线的特有风采!

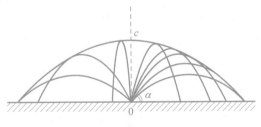

图 13.5

让我们回到折纸的课题上来,研究一下为什么前面讲到的折痕包络是一条抛物线?

如图 13.6 所示,以 AD 的中点 O 为原点,以 OD 为 y 轴正向,建立直角坐标系。令 $AD=p$,则 A 点的坐标为 $\left(0,-\dfrac{p}{2}\right)$;设 A' 为 CD 上的任意一点,EF 为 A 折向 A' 时纸上的折痕;T 在 EF 上,满足 $TA'\perp CD$。下面我们证明:T 点的轨迹,即为折痕的包络曲线。

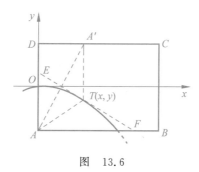

图　13.6

事实上,令 T 点的坐标为 (x,y):

因为
$$
\begin{cases}
A'T=\left(\dfrac{p}{2}-y\right) \\[2mm]
AT=\sqrt{x^2+\left(y+\dfrac{p}{2}\right)^2} \\[2mm]
A'T=AT
\end{cases}
$$

所以
$$
\left(\dfrac{p}{2}-y\right)^2=x^2+\left(y+\dfrac{p}{2}\right)^2
$$

整理得 $$y = -\frac{1}{2p}x^2$$

也就是说，T 点的轨迹是一段抛物线弧。剩下的问题是，必须证明它与折痕相切。为此，令直线 AA' 的斜率为 k，则

$$k = \frac{p}{x_{A'}}$$

注意到折痕 EF 为线段 AA' 的垂直平分线，容易求出直线 EF 的方程为

$$y = -\frac{x_{A'}}{p}\left(x - \frac{x_{A'}}{2}\right)$$

联立
$$\begin{cases} y = -\dfrac{1}{2p}x^2 \\[2mm] y = -\dfrac{x_{A'}}{p}\left(x - \dfrac{x_{A'}}{2}\right) \end{cases}$$

可得 $$x^2 - 2xx_{A'} + (x_{A'})^2 = 0$$

$$\Delta = 4(x_{A'})^2 - 4(x_{A'})^2 = 0$$

从而，直线 EF 与曲线 $y = -\frac{1}{2p}x^2$ 相切。这就证明了所求的抛物线确实是折痕的包络。

包络是微分几何研究的课题之一，1827 年，德国数学家高斯首创。

图 13.7 是又一种有趣的折纸包络。剪一个圆形纸片，在圆片内任取一点 A，然后如图 13.7(a) 反复折叠纸片，使折后的圆

弧都通过 A 点,如此得到图 13.7(b)的无数折痕。这些折痕的包络,便是一个以 A 点和圆心为焦点,长轴为半径的椭圆。读者不妨亲自折一个试一试。

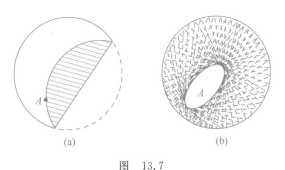

图　13.7

最为神奇的折纸,大约莫过于"三浦折叠法"。它是由日本宇宙科学研究所的三浦公亮教授发明的。这种折纸法,竟能使无生命的纸张具有"记忆"的功能!

大家知道,当我们想把一大张纸折小的时候,我们常用的是互相垂直的折叠方法。这种折叠法的折痕是"山"还是"谷"是互相独立的。从而各种可能的折法组合,总数极大!当一大张折好的纸完全展开时,很难让它重新折回到原来的位置。另外这种互相垂直的折法,折缝往往叠得很厚,因而在张力的作用下,难免造成破损!

"三浦折叠法"也叫"双层波型可扩展曲面",它不同于"互相垂直折叠法"的地方在于:纵向折缝微呈锯齿形(图 13.8)。这样,当你打开一张用三浦折叠法折叠的纸时,你会发现,只要抓

住对角部分往任何方向一拉伸,纸张便
会自动地同时向纵横两个方向打开。
同样,如果想折叠这样的纸张,只需随
意挤压一方,纸便会回到原状,相当于
记住了原样!

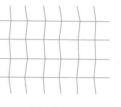

图 13.8

用三浦折叠法折叠纸张,整张纸成了一个有机的连结体。它的折缝组合,只有全部展开与全部折返两种。因而不会因为折叠时折缝没有对齐而损坏。图 13.9(b)表示用"三浦折叠法"折叠时的情景。容易看出,这里的折缝是互相错开的。图 13.9(a)则是普通折叠法,不难发现,这里的折缝,在重叠处出现了危险的隆起!

(a)   (b)

图 13.9

今天,神奇的三浦折叠法已经取得了广泛应用。在人类征服太空的宏图中,对于建造大面积的太阳帆、人造月亮等方面,应用前景尤为突出!

十四、有趣的图算

　　最早的算图，大约要追溯到 17 世纪 30 年代。笛卡儿坐标系的建立，使我们有可能通过坐标的变化，描绘出函数的图像。而这种图像显然又可用以计算函数的值。

　　然而，真正的图算，则起源于另一名法国数学家，画法几何的奠基人伽斯帕·蒙日(Gasper Monge，1746—1818)。

　　蒙日的头角崭露，出自一次偶然的事件。在法国梅齐埃尔军事学院的一次筑城学设计实习中，正当许多学生为烦琐和重复的计算而深深苦恼的时候，蒙日则用他独创的作图方法，替代了复杂的计算，轻松地得到了结果。这件事使

蒙日

主持这门课程的军官大为震惊,并因此对他另眼相看。蒙日所用的方法,后来发展为画法几何。上述事件最为直接的结果是,促成 22 岁的蒙日成为梅齐埃尔军事学院最年轻的教授。

蒙日的成就除画法几何外,还有算图的创制。1795 年出版的《图像代数》一书,是蒙日关于图算的代表作。

什么是图算?什么是算图?要弄清其间的来龙去脉,还得先从自然现象间的相似性讲起。

想必读者一定已经掌握透镜成像的规律。图 14.1 是一根蜡烛在凸透镜下成像的示意图。图中的 f 是透镜的焦距,u 是物距,v 是像距。u,v,f 3 种变量间满足以下关系式

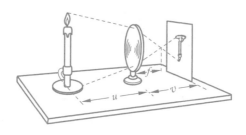

图　14.1

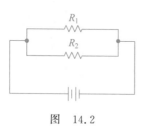

图　14.2

$$\frac{1}{u} + \frac{1}{v} = \frac{1}{f}$$

在电学中,读者会惊奇地发现一些极为相似的式子:两个阻值分别为 R_1、R_2 的电阻相并联(图 14.2),并联后的电阻 R 满足

$$\frac{1}{R_1} + \frac{1}{R_2} = \frac{1}{R}$$

相似的式子甚至出现在一些实用的计算中。如某工程由甲队单独完成需要 x 天,由乙队单独完成需要 y 天;若两队合作完成工程需要 z 天,则 x、y、z 之间的关系易知为

$$\frac{1}{x} + \frac{1}{y} = \frac{1}{z}$$

千差万别的现象之间,居然出现数学模式的雷同!这种天工造物的巧合,至少给数学家创造了一个机会,即寻求解决类似计算问题的办法。图算正是在这种情况下应运而生的产物,算图则是图算的特有工具。

图 14.3 是一张相当精妙的算图:

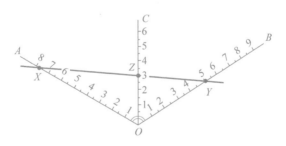

图　14.3

从 O 点发出的 3 条射线 OA,OC,OB,满足 $\angle AOC = \angle COB = 60°$;在各条射线上用同样的单位长进行刻度,这就制成了所需要的算图。这张算图可以用来进行透镜公式的计算。使用的时候,只要用一把直尺,把 OA 上刻度为 u(物距)的点 X

与 OC 上刻度为 f(焦距)的点 Z,连成一条直线。这条直线与 OB 的交点 Y,其刻度就是所求的像距 v。

以上算图的图算原理如下:

考虑 $\triangle XOZ$、$\triangle ZOY$ 及 $\triangle XOY$ 的面积

$$\begin{cases} S_{\triangle XOZ} = \dfrac{1}{2}uf\sin 60° = \dfrac{\sqrt{3}}{4}uf \\[3mm] S_{\triangle ZOY} = \dfrac{1}{2}fv\sin 60° = \dfrac{\sqrt{3}}{4}fv \\[3mm] S_{\triangle XOY} = \dfrac{1}{2}uv\sin 120° = \dfrac{\sqrt{3}}{4}uv \end{cases}$$

因为

$$S_{\triangle XOZ} + S_{\triangle ZOY} = S_{\triangle XOY}$$

所以

$$\frac{\sqrt{3}}{4}uf + \frac{\sqrt{3}}{4}fv = \frac{\sqrt{3}}{4}uv$$

即得

$$\frac{1}{u} + \frac{1}{v} = \frac{1}{f}$$

这意味着算图中的 3 根尺的刻度 u、v 和 f,满足透镜公式。

图算的构思,无疑需要很高的技巧。在构造算图时,对数尺往往是很有用的。所谓对数尺是指,在刻度为 x 的地方,实际长度只有 $\lg x$ 个单位。一个最有用的例子,是构造计算

$$z = x^a y^b$$

的算图。这个算图当 $a = b = 1$ 时,就是普通的乘法。

假设用两根平行的对数尺作为 x、y 尺,让我们看一看 z 尺是怎样刻划的(设 z 尺与 x、y 尺平行)。

如图 14.4 所示，令 $AC=m$，$CB=n$，$CF=\varphi(z_1)$，由三角形相似知：

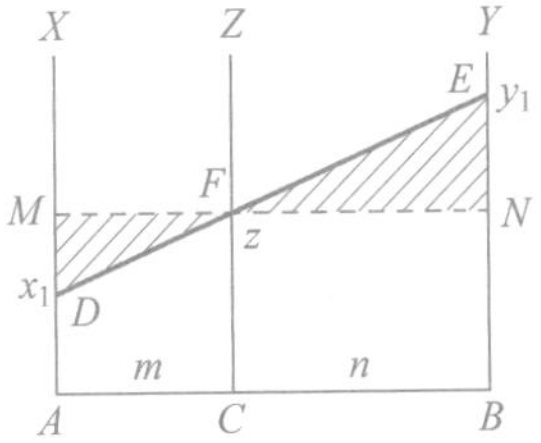

$$DM:MF=EN:NF$$

因为 $AD=\lg x_1$；$BE=\lg y_1$

所以 $\dfrac{\lg y_1-\varphi(z_1)}{\varphi(z_1)-\lg x_1}=\dfrac{n}{m}$

图 14.4

解出 $\varphi(z_1)$ 得

$$\varphi(z_1)=\frac{n}{m+n}\lg x_1+\frac{m}{m+n}\lg y_1$$

令
$$\begin{cases} a=k\cdot\dfrac{n}{m+n} \\[2mm] b=k\cdot\dfrac{m}{m+n} \end{cases}$$

则
$$\varphi(z_1)=\frac{1}{k}(a\lg x_1+b\lg y_1)$$

$$=\frac{1}{k}\lg x_1^a y_1^b=\frac{1}{k}\lg z_1$$

这就是说，只要把 z 尺也做成对数尺，但单位缩小 k 倍，那么这样构造出来的算图，便可以用来计算

$$z=x^a\cdot y^b$$

图 14.5 是 $a=1$，$b=1$，$k=2$ 的特例，这时可求得 $m=n$，此即普通乘法 $z=xy$。

有时一些算图的构造，包含着极为巧妙和深刻的原理，但使

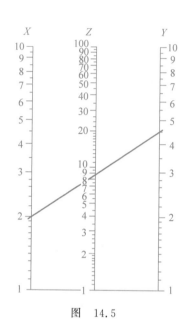

图 14.5

用起来却出奇的容易!

图 14.6 可用于计算分式线性函数

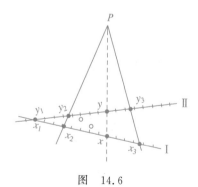

图 14.6

$$y = f(x) = \frac{ax + b}{cx + d}$$

的值。图 14.6 中尺 I 是普通的坐标轴（x 轴）；尺 II 为动尺，刻度与尺 I 相同。两尺上的 3 组对应值满足

$$\begin{cases} y_1 = f(x_1) \\ y_2 = f(x_2) \\ y_3 = f(x_3) \end{cases}$$

则过 P 点作与两尺相交的直线，交点的刻度 x、y，将满足

$$y = \frac{ax + b}{cx + d}$$

图 14.7 是一张精妙绝伦的乘法算图。

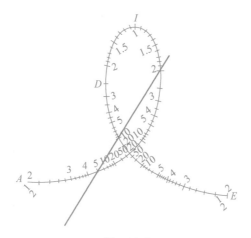

图　14.7

只有一根曲线,一把直尺可与曲线相交得出 3 个交点,它们的刻度分别表示乘数、被乘数和积。亲爱的读者,假如你能用这样的算图进行计算,我想你的心底一定会感受到一种盎然的趣味!

下面的算图是读者意想不到的,它可以由二次方程

$$x^2 + px + q = 0$$

的系数 p、q,轻而易举地求出方程的两个根。

图 14.8 中 $p = -4$,$q = 2$,相应的根读出为

$$x_1 = 3.4, \quad x_2 = 0.6$$

如果图 14.8 中虚线与曲线不相交,则表明所给二次方程没有实数根,如果图 14.8 中虚线与曲线相切,则表明所给方程两根相等。

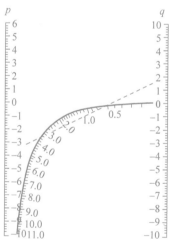

图　14.8

　　有趣的图算，从蒙日起，至今已经经历了 200 多年。今天，图算已发展成为一门实用的数学分支。

　　算图另有一个学术名称叫"诺漠图"，那是在 1890 年举办的一次世界性数学家会议上确定的！

十五、科学的取值方法

下面是一道趣味性和实用性兼有的智力思考题。

给你一本书,你能用普通的刻度尺,量出一张纸的厚度吗?答案是肯定的!我想聪明的读者都已猜到了。谜底是,量出全书的厚度(如果书很薄,可以把相同的书叠几本!),然后除以全书纸的张数,即得每张纸的厚度。

以《辞海》缩印本(1980 年 8 月版)为例,该书除封面外厚 60毫米,全书共 2256 页,计 1128 张纸,那么每张纸厚约

$$x = \frac{60 \text{ 毫米}}{1128} = 0.0532 \text{ 毫米}$$

上述方法可以用于类似的场合。例如,为了测出细漆包线的直径大小,可以采用绕线的办法,在一根铅笔上,紧密地绕上 n 圈,如图 15.1 所示,测量出这 n 圈漆包线在铅笔上所占位置

的长 L，则该漆包线的直径 d，显然应该满足

$$nd = L$$

$$d = \frac{L}{n}$$

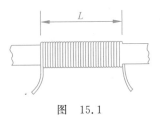

图 15.1

然而，尽管很多人都懂得应该这样去做，但并不一定所有人都知道这样做的科学原理。仍以测量《辞海》的书页为例，实际上我们很难找到书中哪一页纸的厚度恰好等于 0.0532 毫米，所有 1128 张纸都有它们各自的厚度（单位：毫米）

$$a_1, a_2, a_3, \cdots, a_{1128}$$

只是这 1128 个数的总和是一个常量，即

$$\sum_{i=1}^{1128} a_i = a_1 + a_2 + \cdots + a_{1128} = 60$$

而 0.0532 毫米，则是这 1128 个数的平均值。

现在需要证明的是：对于量 x 的 n 个观测值 $a_1, a_2, \cdots, a_n$，它们的平均值

$$\frac{\sum_{i=1}^{n} a_i}{n} = \frac{a_1 + a_2 + \cdots + a_n}{n}$$

是所要测定的量 x 的最理想取值。式中求和符号表示从 1 累加到 n。

事实上，最理想的取值 x，应当使它与 n 个观察值的差的总和为最小。但考虑到差 $(x - a_i)(i = 1, 2, \cdots, n)$ 可能有正有负，

如果直接把它们相加,势必使某些差的值相抵消,影响了偏离的真实性,这显然是不合理的。于是,人们想到了用$(x - a_i)^2$来替代相应的差。这样一来,最理想的取值x应当使函数

$$y = (x - a_1)^2 + (x - a_2)^2 + \cdots + (x - a_n)^2$$

$$= nx^2 - 2\left(\sum_{i=1}^{n} a_i\right)x + \sum_{i=1}^{n} a_i^2$$

取极小值。这是关于x的二次函数,易知当

$$x = \frac{\sum_{i=1}^{n} a_i}{n} = \frac{a_1 + a_2 + \cdots + a_n}{n}$$

时y取极小值。这就是为什么平均值可以看成是观测量最理想取值的道理。

同样的原理可以用于二维的情形,只是计算稍微复杂一些,我们将要得到的结果在数学上非常有名,叫作最小二乘法。它是德国数学家高斯于 1795 年创立的,那时他年仅 18 岁!

现在假定我们观察到 n 个经验点(图 15.2):

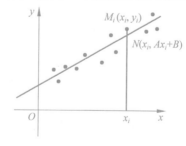

图 15.2

$$(x_1,y_1),(x_2,y_2),\cdots,(x_n,y_n)$$

如果我们认定这 n 个经验点 $M_i(i=1,2,\cdots,n)$ 是对直线 $y=Ax+B$ 上的点在观测时的误差。那么，这些经验点 $M_i(x_i,y_i)$ 与直线上相应点 $N(x_i,Ax_i+B)$ 之间的以下量

$$y=\sum_{i=1}^{n}\overline{M_iN_i}^2=\sum_{i=1}^{n}[y_i-(Ax_i+B)]^2$$

应当取极小值。"最小二乘法"的名称，大约就是由此而来！

函数 y 显然可以写成 A 的二次函数

$$y=\Big(\sum_{i=1}^{n}x_i^2\Big)A^2-2\Big[\sum_{i=1}^{n}x_i(y_i-B)\Big]A+\sum_{i=1}^{n}(y_i-B)^2$$

从而当 $\quad A=\dfrac{\Big(\sum_{i=1}^{n}x_iy_i\Big)-B\Big(\sum_{i=1}^{n}x_i\Big)}{\Big(\sum_{i=1}^{n}x_i^2\Big)}$

时取极小值。整理得

$$\Big(\sum_{i=1}^{n}x_i^2\Big)A+\Big(\sum_{i=1}^{n}x_i\Big)B=\sum_{i=1}^{n}x_iy_i$$

同理，函数 y 又可以写成 B 的二次函数，而当这一函数取极小值时，又得

$$\Big(\sum_{i=1}^{n}x_i\Big)A+nB=\sum_{i=1}^{n}y_i$$

这样，由线性方程组

$$\begin{cases}\Big(\sum_{i=1}^{n}x_i\Big)A+nB=\sum_{i=1}^{n}y_i\\[2mm]\Big(\sum_{i=1}^{n}x_i^2\Big)A+\Big(\sum_{i=1}^{n}x_i\Big)B=\sum_{i=1}^{n}x_iy_i\end{cases}$$

便可以确定参数 A、B 的值。从而得到一条最逼近 n 个经验点 $M_i(i=1,2,\cdots,n)$ 的直线

$$y = Ax + B$$

最小二乘法在科学上有许多妙用。下面是一个如同神话般精妙无比的实例。数学工具帮助历史学家解开了一个千古之谜!

传说古日本有一个强盛的邪马台国,日本国的文化发祥于此地。239 年,邪马台国女王卑弥呼曾经派遣使臣前往当时魏国的京都洛阳,向魏明帝(曹操的孙子)进贡物品。魏明帝赐卑弥呼为"亲魏倭王",并赏给黄金、丝绸等大批物资。

这个中日友好交往的历史事件,经历了近两千年的漫长岁月后,在人们的记忆中渐渐淡薄,连邪马台国位于日本岛的何处也成了不解之谜!

日本东京大学有位历史学教授平山朝治,他不仅精通历史,而且擅长数学。一天,平山教授正专心翻阅中国古籍史书《三国志》,突然一篇《魏志·倭》落入他的视野。文中记述了当时魏国使者前往倭国的实际行程。一种突来的灵感,使平山对邪马台国的奥秘发生了浓厚的兴趣。于是他怀着兴奋的心情,逐字逐句把文章细读了一遍,但见文中写道:

从郡至倭,循海岸水行,历韩国,乍东乍南,到其北岸狗邪韩国,七千余里,始渡一海,千余里至对马国。……又南渡一海千余里，……至一大国，……又渡一海，千余里至末卢国，……东南陆行五百里，到伊都国，……东南至奴国百里，……东行至不弥国百里，……南至投马国，水行二十日，……南至邪马壹国，女王之所都，……可七万余户。

　　然而，当平山先生读完全文时，原先热乎乎的心，仿佛凉了半截！原来《魏志·倭》中的"里"，是个谜中之谜！这种怀疑不能说没有道理。古代的长度单位显然是不同于今的。读者看过《三国演义》吧，那里描写刘备身高 7.5 尺，张飞身高 8 尺，关云长身高 9 尺。按现在换算，他们的高度堪称世界之最，这可能吗？又如《水浒》中矮得出奇的武大，书中写他身高 5 尺，这在现在已是中等个儿，所以文中的"里"就更值得打个问号了！

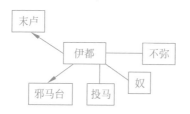

　　不过，平山先生并没有因此灰心丧气。他慧眼独具，从《魏志·倭》的字里行间的差异，分析出了伊都国应当是使者的大本营。而"对马国"和"一大国"，被令人信服地判明就是现今的对马岛和壹歧岛。这样，平山就使自己的所有数据，有了一个可被信赖的参照点。从而使得他能够运用科学的最小二乘法，找到

了魏时的里与今天千米之间的函数关系

$$y = -9.90 + 0.0919x$$

并由此判定,伊都国即当今日本国本州岛的福岗县。

不过,接下去情况似乎有点不妙!因为最后推出邪马台国竟坐落在九州岛的荒凉山区。这是不可思议的!连平山本人也怀疑这样的结论!昔日有7万户的繁华国度,无论如何今天不可能荒无人迹!

经过反复研究,问题竟回到了"三、圣马可广场上的游戏"中讲到的现象上来:使者实际上走的并非是一条直线,而是一条弧线。经修正后,平山教授得出了以下惊人的结论:"古邪马台国中心,位于现日本国福冈县的久留米。"

前些年,日本的考古学家正在进行实地挖掘。他们希望有朝一日能在久留米一带发现卑弥呼女王的寝陵!

十六、神秘的钟形曲线

　　数学家和物理学家的争论是很有趣的。物理学家总是把自己的实验数据奉为金科玉律；而数学家则坚持说，实验不可能绝对精确，所得的数据只能是某种理论数值的偏差而已！

　　物理学家从天文望远镜中，看到了远方的星球正纷纷离我们而去。于是惊呼："我们这个宇宙正在膨胀！"

　　数学家解析说："这要看怎么说！君不见竞技场上的车赛，甲、乙、丙、丁、戊各人都沿同一方向在环形跑道上行驶。甲的速度大于乙，乙的速度大于丙，丙的速度大于丁，丁的速度大于戊。但他们人人都说，别人正在离他而去！"

　　然而，值得欣慰的是，所有的争论，结果还是美好的，物理学家为理论找到了实践模式，数学家为实践找到了理论依据！有

一点是无可辩驳的,即测量的量不可能绝对精确。要补充的是,测量的偏差本身也遵循着一种规律。

一位教师在统计自己任教的两个班级学生的成绩时,得到了以下数据表(表 16.1)。

表 16.1　学生成绩表

分　数　段	频 数 计 算	频　　数	相 对 频 数
95～100	一	1	0.01
90～95	正	4	0.04
85～90	正丁	7	0.07
80～85	正正正正丁	22	0.22
75～80	正正正正正	24	0.24
70～75	正正正正正	24	0.24
65～70	正正	10	0.10
60～65	正一	6	0.06
55～60	一	1	0.01
50～55	一	1	0.01
合计		100	1.00

这位教师根据表 16.1 画出了学生成绩分布直方图(图 16.1),这时他惊奇地发现:所得直方图很接近于一种两头低中间高的钟形曲线。而这种钟形曲线,在许多场合都神秘地出现过!

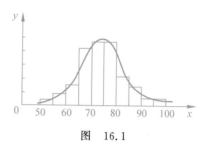

图　16.1

　　1261 年，我国宋朝数学家杨辉在《详解九章算法》一书中，记载了一幅图形（图 16.2），这个图形据称为 12 世纪的贾宪所创，不过如今人们都把它称为杨辉三角形或帕斯卡三角形，后者是法国数学家帕斯卡曾于 1653 年使用过。

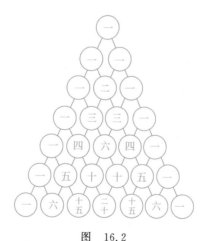

图　16.2

　　杨辉三角形的构造法则如下：三角形的两条斜边都由数字1 组成，其余的数都等于它肩上的两数相加。图 16.3 是根据上述法则得到的,容易看出,每排数字的总和恰好都是一个 2 的方幂。

```
                1
              1   1
            1   2   1
          1   3   3   1
        1   4   6   4   1
      1   5  10  10   5   1
    1   6  15  20  15   6   1
  1   7  21  35  35  21   7   1
1   8  28  56  70  56  28   8   1
1   9  36  84 126 126  84  36   9   1
              ......
```

图　16.3

例如,第 10 排数字的总和为 $512 = 2^9$,把这些数按列的分布画出坐标,我们可以连成一条相当规范的钟形曲线!

读者一定还记得,在 2016 年 8 月 7 日的里约热内卢奥运会上,我国山东选手张梦雪,打破奥运纪录,夺得中国奥运代表队的首枚金牌,并实现我国在 10 米气手枪奥运项目中三连金时激动人心的情景。

可读者不知是否想过,神枪手也不可能百发百中,只是他们命中红心机会较多,而偏离红心的机会较少罢了!图 16.4 画出了神枪手(A)、普通射手(B)和一般人(C)射击命中率的钟形曲线,它们之间的区别是一目了然的!

要揭示神秘钟形曲线的奥秘,我们还得借助于射击的例子。

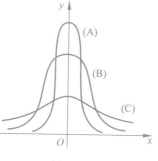

图 16.4

当我们瞄准靶心 O 开枪射击时,离靶心越远的地方自然着弹的可能性越小。

今以靶心为原点,如图 16.5 建立直角坐标系 xOy,并令 $y = \varphi(x)$ 为表示命中率的钟形曲线。

由对称关系,显然可设

$$\varphi(x) = f(x^2)$$

如图 16.5 易知,在 n 次射击中,区间 Δx 内的着弹点应正比于射击次数及命中区间的长度,即着弹数

$$\Delta n = nf(x^2)\Delta x$$

从而,在区间 Δx 内命中的频率

$$\Delta p_x = \frac{\Delta n}{n} = f(x^2)\Delta x$$

同理 $\qquad\qquad \Delta p_y = f(y^2)\Delta y$

对于整个靶面来说,小阴影区 ΔA 的着弹频率 Δp 显然可以写成

$$\Delta p = \Delta p_x \Delta p_y = f(x^2)f(y^2)\Delta A$$

在平面上,以 O 为原点另立 uOv 坐标系(图 16.6),使 u 轴

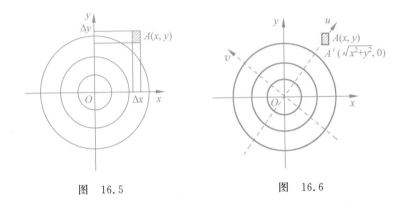

图 16.5 图 16.6

恰过 A 点。由于着弹点的频率是与坐标轴选择没有关系的,从而又有

$$\Delta p = \Delta p_u \Delta p_v$$

$$= f(u^2)f(v^2)\Delta A$$

注意到在 xOy 中的 $A(x,y)$ 点,在 uOv 中的坐标应为 $A'(\sqrt{x^2+y^2},0)$。比较 Δp 立得

$$f(x^2)f(y^2) = f(x^2+y^2)f(0)$$

令 $f(0)=k$,$x^2=\alpha$,$y^2=\beta$,则上式化为

$$f(\alpha)f(\beta) = kf(\alpha+\beta)$$

这样的式子在数学上称为函数方程。本书不可能详细讲述这类方程的解法,只是告诉读者上述函数方程的解为

$$f(\alpha) = k\,\mathrm{e}^{ba}$$

这是容易验证的。

因为离靶心越远，着弹可能性越小，所以 $f(\alpha)$ 为减函数。从而 $b<0$。令 $b=-h^2$，则得

$$f(x^2)=k\mathrm{e}^{-h^2x^2}$$

所以 $$y=\varphi(x)=k\mathrm{e}^{-h^2x^2}$$

这就是神秘钟形曲线的函数式，揭开这一秘密的是法国数学家皮埃尔·拉普拉斯（Pierre Laplace，1749—1827）和德国数学家高斯。

钟形曲线也被称为正态分布曲线，或高斯曲线，是概率与统计这门数学分支最重要的曲线之一。

十七、儒可夫斯基与展翅蓝天

　　古往今来,多少人曾经幻想过能够插上翅膀,像雄鹰那样搏击长空,自由翱翔! 然而,真正使梦想变成现实的,还是 20 世纪的事。

　　1903 年,美国俄亥俄州代顿市的两位自行车修理工,威柏·莱特和奥维尔·莱特两兄弟,在极其困难的条件下,自制了一架"飞行号"动力飞机。这年 12 月 17 日上午 10 时 35 分,奥维尔·莱特驾驶着自己的"飞行号",离开地面在空中飞行了 12 秒,飞行距离 120 英尺。这次具有历史意义的飞行,宣告人类开始进入了展翅蓝天的时代!

　　今天,大型的运输机已能把数十吨,甚至上百吨的物品送上蓝天,飞行的速度最快可达音速的几倍;飞行高度可以高达几

万米；而且还能中途不着陆，航行于世界的任何两地。那么，是
什么神奇的力量帮助人类实现展翅蓝天呢？这是一个有趣而又
令人困惑的问题。

　　大家知道，鸟之所以会飞，全因为有一副强有力的翅膀。翅
膀拍击空气，产生了向上升起的力。而自然界中有些植物的种
子，则是完全另一种类型。它们有着比人类滑翔机还要完善的
"滑翔装置"。图 17.1 是槭树的翅果，在风力的作用下，它能带
着比本身重许多的物体一起升上去！

图　17.1

　　读者中肯定有不少人玩过一种叫"竹蜻蜓"的玩具。这是一
叶削成螺旋桨似的竹片，两翼截面形状一边厚一边薄，中间固定
着一根约 10 厘米长的小棍。玩的时候把小棍夹在两只手的手
心，用力地搓动，使上面连着的竹片跟着急
速旋转。然后猛然放手，于是出现了奇迹：
"竹蜻蜓"腾空而起，越升越高，直至最后转
动变慢，旋即失去平衡，曳然落地！

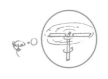

　　"竹蜻蜓"能够升往空中，是因为当那
螺旋桨似的翅翼转动的时候，会产生一种
升力，把自身举托到上空。这种神奇升力

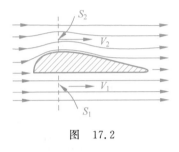

图 17.2

的形成,完全是由于"竹蜻蜓"翅翼的断面不对称的缘故。图 17.2 是"竹蜻蜓"一个翼的断面。当翅翼转动时,气流同时流经翼面的上方和下方。流经下翼面的气流,前后速度没有改变,而流经上翼面的气流,则由于隆起部分使气体的通路相对变窄,因而气流速度相应变大。根据流体运动的伯努利原理,速度大的相应压强小,速度小的相应压强大。这就是说,下翼面受到的压力,大于上翼面受到的压力,这上下翼面的压力的差异,正是"竹蜻蜓"升力的由来。

不过,运动的翼在受到升力的同时,也受到空气的阻力。阻力的大小与翼形息息相关!下面一个极为有趣的实验,可以帮助读者更深刻地理解这一点。

人们可以轻而易举地把面前的烛焰,吹得飘向前方,甚至把它吹灭。但并不是所有人都能把前面的烛焰,吹得使它飘向自己!说不定这会使你感到难以置信,但事实是完全可能的。图 17.3 将告诉你如何达到这一目的。实验方法是,在嘴巴与烛焰之间放一张方形的卡片。实验结果是,你越用力吹气,烛焰飘向你越明显!读者不信可以试试!

上述实验表明,方形卡片不仅阻碍了正向气流的运动,而且还会产生一股反向的制动力。如果实验中我们在嘴巴和烛焰之

图　17.3

间放的不是方形卡片,而是像鱼类形体那样的流线型物体,那么空气将会像没有受到阻碍似地向前流动。图 17.4 是另一个实验,中间是用纸张做成的近似流线型的阻碍体,钝的一头朝向你。现在任你怎么吹气,烛焰只能乖乖地向前飘去!

图　17.4

下面我们回到原先的课题。读者已经看到,人类要实现展翅蓝天的愿望,首先需要一个良好的机翼。而一个良好的机翼至少要满足两点要求:一是必须能产生足够的升力,二是具有流线型的外体。然而，怎样才能做到这一切呢？在通往蓝天的征途上，人类不能不感谢"俄罗斯航空之父"儒可夫斯基创下的不朽业绩！

尼古拉·儒可夫斯基（Николай Жуковский，1847—1921）早年毕业于莫斯科大学应用数学系。他知识渊博，多才多艺，在航空方面具有很深的造诣。

儒可夫斯基

在儒可夫斯基时代，滑翔机实验刚刚起步，一切全凭在实践中摸索，当时许多科学家都认为，飞行只能从一次又一次的失败中去谋求真理！

儒可夫斯基则认为，必须建立一种飞行理论。他致力于气体绕流的研究，孜孜不倦地探索了几十年，终于在 1906 年，成功地解决了空气动力学的主要课题，创立了机翼升力原理，找到了设计优良翼型的方法。他匠心独运，引进了一个以复数（$z=x+yi$）为自变量的函数（图 17.5）

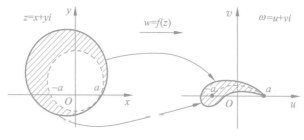

图 17.5

$$\omega = f(z) = \frac{1}{2}\left(z + \frac{a^2}{z}\right)$$

这个函数可以把 z 平面的一个图形,变换为 $w(\omega = u + vi)$ 平面的另一个图形。儒可夫斯基证明: z 平面上,与过 a、$-a$ 的圆相切的圆,通过变换 $\omega = \frac{1}{2}\left(z + \frac{a^2}{z}\right)$,将变为 w 平面上的飞机翼型截面。这个证明为设计各种优良的翼形提供了资料,避免了实践上的盲目性!

儒可夫斯基一生成果极多,早在 1890—1891 年发表的《关于飞行理论》等论文,便预言了在飞行中翻筋斗的可能性。1906年,正当儒可夫斯基的奠基性论文《论连接涡流》发表之际,他的预言实现了!一位俄罗斯陆军中尉聂斯切洛夫,完成了世界上第一次空中"翻筋斗"的特技表演。

1921 年,为表彰儒可夫斯基对航空事业的巨大功绩,列宁发布命令,尊称他为"俄罗斯航空之父"!

十八、波浪的数学

在文学家的笔下，对于循环模式的描述，往往是很精妙的。哪怕是一些最简单的故事，也会使人赞不绝口！

有一个故事：从前有座山，山上有座庙，庙里有一个老和尚和一个小和尚。有一天，老和尚对小和尚说："从前有座山，山上有座庙，庙里有一个老和尚和一个小和尚。有一天……"无须再写下去，我想读者都知道如何继续这个故事。

另一个循环的故事，讲述了一滴水的奇遇：一滴水在大海里自由自在地欢歌，终于有这样的一天，它在阳光的照耀下变得飘飘然起来，并化为一缕水蒸气，扶摇直上蔚蓝的天空。在那里它会合了千千万万如同它一般的水蒸气，集成一朵云。云朵随风飘荡，跨越了山川、湖泽，飘游到陆地的上空。正当它陶醉于

自由的旅程之际，迎面来了一股冷空气，冷得它赶忙凝聚在一些飘浮的尘埃上，变成雨滴回到地面。小雨滴在地面上手拉着手，欢呼跳跃着汇集到小溪，从小溪又叮咚地涌向大河，在大河里结成了浩浩荡荡的队伍，奔腾咆哮着冲进了大海。它，一滴水，又重新在大海里自由自在地欢歌！

一滴水的故事，过去已经这么循环了几亿年，今后大约还要这样循环下去，一万年，一亿年，永不休止！

还有一则故事，严格说未必算是循环：在一座巨大粮食仓库的旁边，生息着一个庞大的蚂蚁家族。一天，一只蚂蚁终于发现了仓库中储存着的丰富食物，于是便驮了一粒米，急匆匆地赶回窝去。路上遇到另一只蚂蚁，告知如此这般。于是第二只蚂蚁也赶到仓库，驮了一粒米，急匆匆地回窝去。后来它们又把消息告诉第 3 只蚂蚁，第 3 只蚂蚁也去驮了一粒米，急匆匆地回窝去，第 4 只蚂蚁，第 5 只蚂蚁，第 6 只蚂蚁，如此等等，一支不可尽数的蚂蚁队伍急匆匆地赶往仓库，又一行驮着米粒，急匆匆地返回蚁窝……

数学家对于文学家花样翻新的循环描述是不屑一顾的！在他们眼里,所有出现的事件 y,都是时间 x 的函数

$$y = f(x)$$

而循环模式则表示对于变量 x 的任何值,存在一个常量 T,使得

$$f(x + T) = f(x)$$

这里的 T 称为周期。上式表明,同样的事件,在经历了一个周期之后又回到了原先的状态,周而复始,如此而已,如图 18.1 所示。

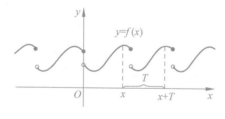

图　18.1

拿一张纸,把它卷到一根蜡烛上,然后用刀斜着把它切断,再把卷起的纸展开,那么你将会看到一个波浪形曲线的截口。让我们看一看这是怎样的一条曲线。

如图 18.2 所示,设圆柱体为蜡烛的一段,底半径为 R,截口中心为 S,过 S 作垂直于圆柱轴线的截面,与原截口曲线交于两点。取其中一点 O 为原点,在过 O 且与圆柱相切的平面内建立直角坐标系 xOy,使 Oy 为圆柱的一条母线。显然 Ox 切于圆 S。

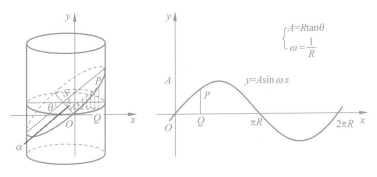

图 18.2

设想卷在圆柱上且已被切断的纸是慢慢展开的。令 P 为截口曲线上一点,Q 是它在圆 S 上的投影,又展开角 $\angle OSQ = \alpha$,则

$$\begin{cases} x = \overset{\frown}{OQ} = \alpha R \\ y = PQ = (R\sin\alpha)\tan\theta \end{cases}$$

式中 θ 为斜截面与圆 S 平面的夹角,为一常量。

把上述变量 y 表示为变量 x 的函数,即得

$$y = (R\tan\theta)\sin\left(\frac{1}{R}x\right)$$

令 $A = R\tan\theta$，$\omega = \dfrac{1}{R}$，立得

$$y = A\sin\omega x$$

原来得到的是振幅为 A，频率为 ω 的正弦曲线！容易明白，当纸张从 O 开始，展开一圈又回到 O 时，完成了一个循环，这一循环的周期 T，恰等于圆 S 的周长，即

$$T = 2\pi R = \dfrac{2\pi}{\omega}$$

后一个式子对于求一般正弦函数的周期是很有用的。

自然界里正弦曲线是很多的。往水池里扔一块石头，便会看到圆形的水波逐渐向四周扩展；拿一根长绳，抓住其中一头上下振动，你会看到一个个波浪传向前方，即使振动的那一头已经停止动作，已经形成的波形仍会继续传向远处！读者很容易用自己的实验来证实上面的结果。

在舞蹈中有一种节目叫带舞，演员手持丝带的一端，不停地抖动，伴随着婆娑起舞，但见丝带宛如一条旋飞的彩龙，一圈圈波浪起伏，真是千姿百态，美不胜收！

在数学家眼里，上面的一系列现象称为波的传送。数学家们运用自己的智慧，巧妙地把这种运动用函数表示了出来！

图 18.3 是一个弦振动的例子。弦起初静止，$t = 0$ 时，给它一个初始位移。令初始位移函数为 $f(x)$，图中

$$f(x) = \begin{cases} 1 - |x|, & |x| \leqslant 1 \\ 0, & |x| > 1 \end{cases}$$

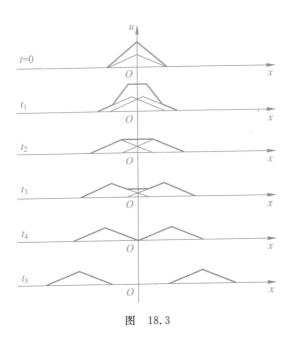

图 18.3

而表示图中波传播的函数式可以写为

$$u(x,t) = \frac{1}{2}\big[f(x+vt) + f(x-vt)\big]$$

式中 v 是波的传播速度。

不过,要指出的是,大多数的波未必就是正弦波。例如声波就常常具有令人难以置信的复杂波形。

1822 年,法国数学家让·傅里叶(Jean Fourier,1768—1830)证明了任何曲线都可以由正弦曲线叠加而成,他甚至找到了构成叠加的方法。傅里叶的出色工作,使一门近代数学的分支,以他的名字而命名!

图 18.4 的粗线是一条相当复杂的曲线,从图中可以看出,它是由 3 条振幅相同的简单正弦曲线叠加而成。

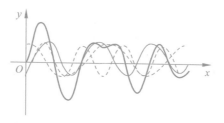

图　18.4

十九、对称的启示

这是一个饶有趣味的游戏。

拿来一副抽掉大小王的扑克牌，洗好后请你的两名观众，每人随意抽去一张牌并藏好。然后你对剩下的牌，当众做一番令人眼花缭乱的"处理"，尔后一举猜出了那两名观众抽去牌的点数。我想观众一定会对你的神奇猜牌本领大感惊奇。其实道理也很简单！不过，要想彻底弄清其间的奥妙，还得先从"对偶"牌说起。

把 A 看成 1 点，K、Q、J 分别看成 13、12、11 点，于是，所有的牌，按点数可归属为以下的一种：A、2、3、4、5、6、7、8、9、10、J、Q、K。

这 13 种不同点数的牌，对于点数 7 成对称状态，与 7 等距

离的两张牌,其点数和均为 14。我们称这样的一组牌互为"对偶"。扑克中共有 7 组对偶牌:

$$(A,K),(2,Q),(3,J),(4,10)(5,9),(6,8),(7,7)$$

现在回到原先的游戏上来。关键的一步是对手上的牌进行"处理":依次往桌面上分牌,点数一律亮在外边。当你见到桌面有两张"对偶"牌时,马上用手上两张还没有分的牌,把对偶牌压掉,新分的牌点数依然亮在外头。如此这般,直至所有牌分光为止。上述的"处理"手法,初学者可能会稍慢一些,但当眼和手配合熟练之后,分牌之快可以使人目不暇接!当人们惊叹于那运牌如飞的情景时,是不会去追问怎么分牌的,你的成功是可以预计到的!

游戏的最后一道程序是收牌,把桌面上点数成对偶的牌,整叠收起来,剩下的牌的对偶牌,一定在观众手中。只有一种例外,即桌面上的牌已全被收起,这表明两名观众手中的牌本身成对偶,此时你可以告诉他们,他们手上的牌点加起来等于 14。我想即使这样,你的成功也会引起轰动的!

上述游戏的原理,简单到不能再简单,只是观众暂时不知道而已!实际上游戏所用的只是对称的手法,这种方法渊源已久,少说也有几千年!当人们第一次进行梯形面积计算时,所用的就是这种方法。200 多年前,时年 9 岁的德国数学家高斯,曾利用同样的方法,当场回答出了

$$1+2+3+4+\cdots+97+98+99+100=5050$$

他的老师为此惊叹不已！就是这个高斯,以其特有的关于对称的思考,竟于年仅 19 岁之际,一举推翻了两千年来人们关于"边数为大于 5 的质数的正多边形,不可能用尺规作出"的猜想,切切实实地找到了正十七边形的作法。表 19.1 列出了边数 n 不超过 100,而能用尺规作图的正多边形种类,总共 24 个。

表 19.1　尺规作图的正多边形

边数为 n 的形式	能用尺规作的正 n 边形
2^m	$4,8,16,32,64$
$2^{2^k}+1$	$3,5,17$
$2^m P_1 P_2 \cdots P_i$ $(P_i = 2^{2^{k_i}}+1)$	$6,12,24,48,96$ $10,20,40,80$ $34,68$ $15,30,60$ 51 85

图形的对称,表现为数学的以下式子(图 19.1):

$$\text{I}: \quad f^+(-x) = f^+(x)$$

$$\text{II}: \quad f^-(-x) = -f^-(x)$$

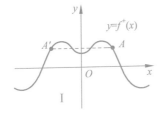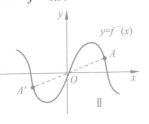

图　19.1

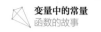

满足 I 式的函数 $y=f^+(x)$，称为偶函数，它的图像关于 Oy 轴对称；满足 II 式的函数 $y=f^-(x)$ 称为奇函数，它的图像关于原点对称。

古往今来，人类对于对称有着特殊的偏爱。我们今天的世界，能够如此的美妙和谐、千姿百态，大约与对称的融入是分不开的。事实上，任何一个图形都可以看成是一个轴对称图形和一个中心对称图形的叠合！这个在几何上似乎很难，又有点神奇的定理，在代数上证明却颇为容易。上述命题的代数语言表述是：任何一个 x 的函数 $f(x)$，都可以表示为一个偶函数 $f^+(x)$ 和一个奇函数 $f^-(x)$ 的和，即

$$f(x)=f^+(x)+f^-(x)$$

因为
$$\begin{cases} f^+(-x)=f^+(x) \\ f^-(-x)=-f^-(x) \end{cases}$$

所以　$f(-x)=f^+(-x)+f^-(-x)=f^+(x)-f^-(x)$

从而
$$\begin{cases} f^+(x)=\dfrac{1}{2}[f(x)+f(-x)] \\ f^-(x)=\dfrac{1}{2}[f(x)-f(-x)] \end{cases}$$

图 19.2 粗实线所代表的函数 $f(x)$，是由虚线所代表的奇函数和细实线所代表的偶函数相加而得。

14 世纪法国哲学家布列坦曾经说过一个有趣的故事：一只饥肠辘辘的驴子，来到了两束干草的中央，由于这两束干草完全

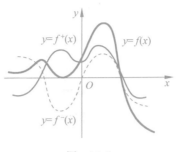

图　19.2

一样,并处于驴子两侧如此对称的位置。驴子竟无法断定该先吃哪一束草,终于饿死!

这个寓言告诉我们,对于对称图形,对称中心或对称轴处于一个十分特殊的位置。这种位置在解题中往往起着关键的作用。

下面是一道精彩的智力思考题。

A、B 是两根形状和质量都一样的条铁,其中有一根带有磁性。如果不用这两根条铁以外的东西,怎样才能辨别出哪根是磁铁?

图 19.3 中将两根条铁摆成 T 字形。这种对称的放置,实际上已经给出了问题的答案。接下去的判定就留给读者了!

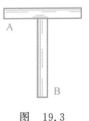

对称的启示,常常产生意想不到的效果。请看下面一例。

图　19.3

某商店的天平坏了,商店负责人决定不再零售散装糖。不巧此时来了一位顾客,急需 1 千克糖,售货员急人所难,采用了通融的办法,把 1 千克糖分成两份来称。第一次天平的右盘放 500 克砝码,左盘放糖,取平衡,称得糖 W_1 克;第二次右盘放糖,左盘放 500 克砝码,也取平衡,称得糖 W_2 克。售货员想,天平已经不准确了,它的左右臂长不相等,这样两次称出的糖一定有一次比 500 克多些,而另一次则少些,两次加在一起,取多补少,大约该是 1 千克吧!于是,他向顾客收了 1 千克糖的钱。

话说那位顾客可是个喜欢动脑筋的人,当他看到售货员的

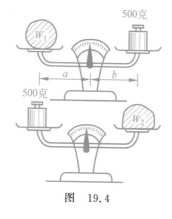

图 19.4

动作,心里便明白了三分,思考片刻后他发话了,说是售货员少收了钱,所称糖不止 1 千克!亲爱的读者,你知道这位诚实的顾客是怎样作出判断的吗?

原来他是根据杠杆原理,由两次称量得出两个对称的关系式(图 19.4):

$$\begin{cases} W_1 a = 500b \\ W_2 b = 500a \end{cases}$$

于是

$$W_1 + W_2 = 500\left(\frac{b}{a} + \frac{a}{b}\right)$$

$$\geq 500 \times 2\sqrt{\frac{b}{a} \cdot \frac{a}{b}}$$

$$= 1000$$

因为 $\qquad\qquad\qquad a \neq b$

所以 $\qquad\qquad\qquad W_1 + W_2 > 1000$

不过,读者如果肯动脑筋,还能找到更聪明的称糖办法。

有一种叫"替换法"。即先取 W_0 克糖与 1000 克砝码取平衡;然后取下砝码,换上 W 克糖,也与 W_0 取平衡,那么很显然有 $W = 1000$(克),这种方法既快又准确,爱称多少克就可以称多少克!

另一种可以准确称出给定糖的质量 W 的方法是,把 W 克糖放在右盘称出质量为 P 克,再把 W 克糖放在左盘又称出质量为 Q 克。由于天平不准确,所以 P、Q 的值显然都不等于 W。然而,我们却可以准确地得出

$$W = \sqrt{PQ}$$

证明并不难,就留给喜欢思索的读者自行练习吧!

二十、选优纵横谈

选优,顾名思义,是要从众多的可能中选出较优者。在数学中大概没有第二个课题能比选优更富有时代的气息。一部选优学的历史,与数学发展史之间有着千丝万缕的关系。

早在两千多年前几何学发达的古希腊,人们就知道用图形的对称性质,去解决诸如"在河岸上取一点 C,使它到 A、B 两村路程之和最短"等一类最简单的选优问题。图 20.1 是解题示意,图中 A' 是 A 点关于河岸 EF 的轴对称点。

极值是最重要的一种变量中的常量。在极值的探求中,几何

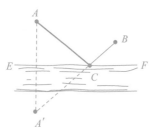

图　20.1

的方法常常显得精巧无比。下面的"塑像问题"是德国数学家乔纳斯·米勒(Joannes Miller,1436—1476)于1471年提出的:

"假定有一个塑像,高 h 英尺,立在一个高 P 英尺的底座上(图 20.2)。一个人注视着这尊塑像朝它走去,这个人的水平视线离地 e 英尺。问这个人应站在离塑像基底多远的地方,才能使塑像看上去最大?"

这个问题由另一个数学家 A. 劳尔施(A. Lorsch)用几何的方法解决了。

图 20.2

图 20.3 的虚线圆表明了劳尔施的巧妙思路。该问题的实质是,在水平视线 EF 上,求视角取最大值的点 M。图中的虚线圆过塑像的顶部 A 和底部 B,且与水平视线 EF 相切。显然,切点就是所求的点 M!这是由于 EF 上的其他点,都位于虚线圆的外部,因而它们对于塑像的视角,只能比 M 点小。

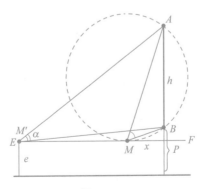

图 20.3

随着代数学的发展,不等式求极值的方法使用得更加普遍。例如在"十一、变量中的常量"中讲到的不等式

$$\frac{a+b+c}{3} \geqslant \sqrt[3]{abc} \quad (a,b,c > 0)$$

表明棱长总和或表面积一定的长方体,当且仅当它是正方体时体积最大。然而,这个不等式的作用远不止于此,我们还可以巧妙地应用它解许多实际问题。而这些问题的结论,也远不是人人都很清楚的!

下面是一个精彩的例子(图 20.4):体积为 V 的圆柱体,它的高 h 和底半径 r 应当采用怎样的比,才能使表面积 S 最小?

易知
$$\begin{cases} S = 2\pi r^2 + 2\pi rh \\ v = \pi r^2 h \end{cases}$$

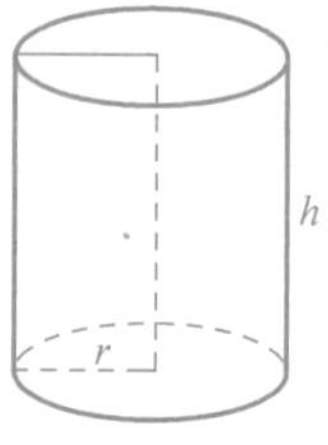

从而
$$S = 2\pi r^2 + \frac{2v}{r}$$

$$= 2\pi r^2 + \frac{v}{r} + \frac{v}{r}$$

图 20.4

$$\geqslant 3 \cdot \sqrt[3]{2\pi r^2 \cdot \frac{v}{r} \cdot \frac{v}{r}} = 3\sqrt[3]{2\pi v^2}$$

上式表明,当 $2\pi r^2 = \frac{v}{r}$ 时,S 取值最小,由此可知

$$v = 2\pi r^3$$

$$h = \frac{v}{\pi r^2} = \frac{2\pi r^3}{\pi r^2} = 2r$$

138

这就是说,体积一定的圆柱体,当高与底直径相等时,有最小的表面积。这也是为什么今天市场上的有盖罐子总是设计成高与口径相等的道理。读者还可以用相同的方法证明:无盖罐子最节省材料的形状应当是,罐子的高等于口径大小的 $1/2$。

笛卡儿直角坐标系的建立,使形数结合更加紧密。由牛顿和莱布尼茨创立的微积分学,为求函数的极值提供了一整套完整的算法。数学家辈出的 17 世纪,选优学在应用方面呈现出一派勃勃生机的景象!

客观现实中变化的量常常存在某种联系,这些联系在数学上表现为等式约束

$$F_i = 0 \quad (i = 1, 2, \cdots, k)$$

对于附加了若干约束条件的选优问题,约瑟夫·拉格朗日(Joseph Lagrange,1736—1813)提出了著名的"不定乘数法",即引进 k 个参量 λ_i,把在 $F_i = 0$ 约束下对 F 的条件选优问题,化为求

$$\phi = F + \lambda_1 F_1 + \lambda_2 F_2 + \cdots + \lambda_k F_k$$

的无条件选优问题。这项简单却极有意义的工作,显示了这位数学大师的天才和智慧,因此介绍它对大家不无裨益!

随着生产和科学的发展,以函数为变数的选优问题日益突显。这些问题中最古老和最有代表性的有 3 个:短程线问题、最速降落问题和等周问题。这些古老而富有趣味的问题,经天才数学家欧拉和泊松等人富有创造性的工作,升华为一门瑰丽

的数学分支——变分法。

近代电子计算机的出现和使用,使原来并不引人注目的一次函数选优问题,又重新得以重视和发展。

一次函数选优问题的提法是:未知数 x_i 满足不等式组

$$\begin{cases} a_{11}x_1 + a_{12}x_2 + \cdots + a_{1k}x_k + b_1 \geqslant 0 \\ a_{21}x_1 + a_{22}x_2 + \cdots + a_{2k}x_k + b_2 \geqslant 0 \\ \quad \vdots \\ a_{n1}x_1 + a_{n2}x_2 + \cdots + a_{nk}x_k + b_n \geqslant 0 \end{cases}$$

试求一次函数 $y = \sum_{j=1}^{k} c_j x_j + d$ 的最大值和最小值。

解决这类问题的一般方法是单纯形法。其基本思路可以通过图 20.5 加以介绍。不等式组相当于把未知量的取值限制在区域 Ω 内,而一次函数 $y = \sum_{j=1}^{k} c_j x_j + d$ 对于不同的 y 值是一组相互平行的"直线",从而优值将在区域 Ω 的角点(顶点)上取得。

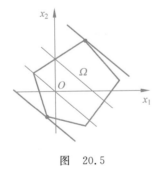

图 20.5

由于实践中提出的类似上述的线性规划问题都带有特殊性,因此人们已经总结出许多诸如物资调运、合理装车等切实可行的好方法,使古老的一次函数选优问题,得以重新发放光辉!

自然科学其他分支的研究常常给选优学以提示。例如前面我们讲到的,蜂窝的底是由 3 个具有 $70°32'$ 的菱形拼接而成,它启示我们这样的结构是最经济的。在深水中横放一根半径为 a 的圆柱,探索水的绕流导致了对儒可夫斯基函数

$$\omega = f(z) = \frac{1}{2}\left(z + \frac{a^2}{z}\right) \quad (z \text{ 为复数})$$

的研究,这个函数为各种优良机翼提供了原型。

有时用力学上的模拟方法可以比数学方法更容易得到结果。例如应用橡皮筋拉力,可以轻而易举地找出主要矛盾线,从而解决了统筹方法中的重要课题。著名的三村建立小学问题,可以如图 20.6 所示,在平面上用 3 个点模拟三村,用重物 P 模拟各村的学生数,并用细线通过滑轮连接于 Q 点,则平衡后 Q 点的位置就是建立小学的最好地点。可以证明,这时各村学生到校的总里程数最短。

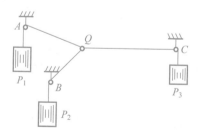

图　20.6

迄今为止我们讲述的都是必然性问题,实际上更多情况我们甚至连变量间的依赖关系都不知道。为了探求它们之间的相

互关系,我们常用 n 次曲线

$$y = a_0 + a_1 x + a_2 x^2 + \cdots + a_n x^n$$

去拟合 m 组试验数据 $(x_i, y_i)(i = 1, 2, \cdots, m)$,而反过来把这 m 组数据看成是对曲线的随机误差。自然,这种拟合要求

$$f = \sum_{i=1}^{m} (y(x_i) - y_i)^2$$

取最小值。根据上述要求,求出 $n+1$ 个待定系数 a_i,从而得出最优的 n 次拟合曲线,这就是在"十五、科学的取值方法"中讲到的最小二乘法的基本内容,如图 20.7 所示。

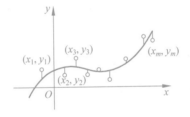

图　20.7

因为统计方法是基于大数定律,从而得到的结果只能认为具有很大的,但不是绝对的把握。以下蒙特卡罗(Monte-Carlo)方法便是一个极典型的例子。这个方法的要点是把试验区域 Ω 分成 m 个等积的小方块,如果我们希望找到一个小方块(图 20.8),其中心试验值优于全部 m 块中的 n 块,那么只要随机抽取 m 块中的 r 块,并在每个方块的中心做试验,而后取其中最好的一个结果就是。

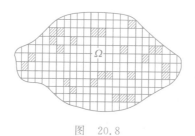

图 20.8

事实上，从 m 个中随机抽 r 个，其中有一个优于 n 个的可能性为

$$p = 1 - \left(\frac{n}{m}\right)^r$$

当 r 增大时，p 很接近于 1，即这种选优方案是十拿九稳的事。

最后还要提到另一类有趣的选优问题。这类问题区别于前述种种问题的特点，在于它不单是选取或比较某些量，而是在某些量的极小中去选取极大，或从极大中去选取极小。这是博弈论的课题。其基本思想用形象的语言来表达可以说成是：尽最大的努力，做最坏的打算。因为哪怕介绍一下像齐王赛马那样简单的例子也要花费很大篇幅，因此我们这里不再进一步讲述它（有兴趣的读者可参阅本丛书《偶然中的必然》一册）。

今天，在人类智慧的培育下，选优学的百花园一派春意盎然！那万紫千红的鲜花，竞相开放，飘香万里！

二十一、关于捷径的迷惑

有这样一个故事：

地理老师提问一位学生："请指出从上海到广州距离最短的路。"学生看了看摆在讲台上的地球仪，从容答道：

"是一条挖通广州与上海的直线隧道。"

众皆哗然！

其实，从理论上讲这位学生说的并没有错。那是根据平面几何里的一条公理：两点之间线段最短。不过，生活在地球上的人类，习惯于把自身的活动，限制在这个星球的表面予以考虑。这样，在上海与广州之间的最短路程，很自然地被理解为过上海和广州之间的一段大圆的弧。这段大圆的弧约长1200千米。

球面上过两点的大圆的弧，可以用以下办法直观地显示出来：在地球仪上拉紧过两点的一条细线，这条细线即可被当作大圆的弧。

上面的故事是人为杜撰的，还是真有其事呢？现在已无从得知。不过，抱有上述想法的，历史上可不乏其人！

20世纪初，列宁格勒（现称圣彼得堡）出现过一本书名很怪的小册子，叫作《圣彼得堡和莫斯科之间的自动地下铁道，一本只完成前三章，未完待续的幻想小说》。作者在书中提出一个惊人的计划：在俄国新旧两个首都之间，挖一条600千米的隧道。这条笔直的地下通路，把俄国的两大城市连接起来。这样，"人类便第一次有可能在笔直的道路上行走，而不必像过去那样走弯曲的路！"作者的意思是，过去的道路都是沿着弯曲的地球表面修筑的，所以都是弧形。而他设计的隧道却是笔直的！

不过作者写书的主要意图，还不在于考虑两点之间线段最短。而是这样的隧道如能挖成，则有一种奇异的现象：任何车辆能像单摆一样，在两个城市间来回移动。开头速度很慢，后来由于重力的作用，车速越来越快；接近隧道中点的地方，达到了难以置信的高速，而后逐渐减速，靠惯性行进到另外一头。如果摩擦力可以忽略不计的话，走完全程只需42分12秒！

光沿短程线前进的性质，这是物理学家早就注意到的。如

图 21.1 所示,由 A 点射出的光线,通过 l 上的点 C 反射到点 B,则由入射角等于反射角推知,C 点即线段 $A'B$ 与 l 的交点。这里 A' 是 A 关于直线 l 的对称点。容易证明,对于 l 上的另一点 C',必有

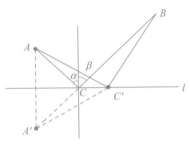

图 21.1

$$AC' + C'B > AC + CB$$

事实上　　$AC + CB = A'C + CB = A'B < A'C' + C'B$
$$= AC' + C'B$$

结论是很明显的!这表明光所走的折线 ACB,是从 A 经 l 到 B 最短的路线。

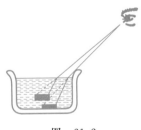

图 21.2

不过严格地讲,光所走的是一条捷径。即走完全程所用的时间最短。图 21.2 所示的情景,想必许多读者都见过。本来看不见的东西,在水中变得看得见了!光线产生这种折转的原因,是因为光在空气中

和水中速度不相同。造成光沿一条折线走比光沿一条直线走所花的时间更少！

建议读者亲手做一做下面的试验（图 21.3）。

图　21.3

在光滑桌面的另一半，铺上一层薄薄的绒布。让一颗铁球由光滑面斜着滚向绒布。这时你会看到一种奇特的现象：铁球在绒布的交界处突然折转了方向，如同光线的折射一般！

上述现象发生的原因在于，铁球在光滑桌面和绒布上行进的速度不相同。铁球也像光线一样，走的是一条捷径！

下面是一个有趣的问题（图 21.4）：

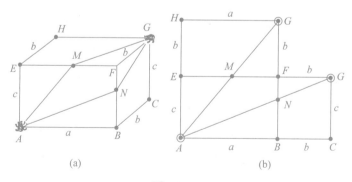

图　21.4

一只蜘蛛在一块长方体木块的一个顶点 A 处,一只苍蝇在这个长方体的对角顶点 G 处,问蜘蛛要沿怎样路线爬行,才能最快抓到苍蝇?

显然,当把长方体[图 21.4(a)]的上底面及右侧面展开成如图 21.4(b)的平面图时,蜘蛛爬行的路必须是线段 AMG 或 ANG 中较短的一条。假设 $AB=a$,$BC=b$,$AE=c$,则由图 21.4(b)知

$$AMG = \sqrt{(b+c)^2 + a^2} = \sqrt{a^2 + b^2 + c^2 + 2bc}$$

$$ANG = \sqrt{(a+b)^2 + c^2} = \sqrt{a^2 + b^2 + c^2 + 2ab}$$

当 $a>c$ 时,$ANG>AMG$,说明蜘蛛应当沿折线 AMG 爬行,才能最快抓到苍蝇;反之,则必须沿折线 ANG 爬行!

另一个类似的趣题是:苍蝇为了防止蜘蛛的袭击,想要爬过长方体所有的 6 个面探查一下,并尽快地返回原地。那么苍蝇至少要爬行多长的路?

这个问题的结论不太容易想到。从图 21.5 中可以看出,苍蝇爬行的路线应当是一条过 G 点而又平行于图中虚线 $A\text{-}A$ 的线段(为什么?请读者想一想)。容易算出,这条线段长为 $\sqrt{2}(a+b+c)$。这个量与苍蝇原先所在位置无关(为什么?)。

很明显,对于可以展成平面的曲面,曲面上的短程线问题,都可以用类似上面展开的方法加以解决。图 21.6 的圆锥曲面就是一个例子。

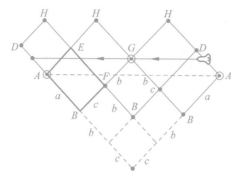

图 21.5

然而,并非所有的曲面都能展开成平面。我们最常见的球面,其任何一小部分,都不可能毫无重叠或破裂地展成平面。这就是无论哪一种地图,总不可避免地要产生变形的原因,没有一点畸变的地图根本不存在!这样,当你翻开一张地图细心观察时,你便会发现一个有趣的现象,图上画的航线几乎都是一条条弧线。这才是真正的球面短程线——大圆弧线。而图面上看起来是直的线,实际上只是保持与经线等角的斜航线。

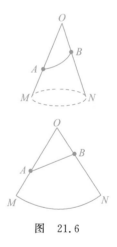

图 21.6

图 21.7 画出了连接非洲好望角和澳洲南部墨尔本港之间的两个航线。看起来似乎更长的大圆航线只有 5450 海里,而看

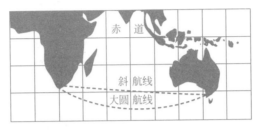

图　21.7

起来笔直的斜航线却有 6020 海里。斜航线竟比大圆航线长出 570 海里,相当于多了 1050 千米,这是由于地图的畸变,给人造成了错觉!

二十二、从狄多女王的计策谈起

传说泰雅王(Tyrian King)的女儿狄多从他身边逃走之后，历尽艰险终于抵达非洲海岸。在那里她成了迦太基人的奠基者和传说中的第一位女王。

狄多到非洲后的第一个计策是，向当地土著购买依傍海岸的一块"不大于一张犍牛皮所能围起来的"土地。她把犍牛皮割成又细又长的条子，又把这些长条连接成一根细长的绳子。现在，狄多面临着这样的几何问题：利用这条绳子及海岸线，怎样才能围出最大的土地？

狄多的问题显然可以从海岸移到陆地上来。即由一根长度一定的绳子，怎样才能围出最大的面积？

事实上，假定海岸线 l 为直线，而长度为 a 的弧线 AXB 已

经围出最大的一块面积(图 22.1)。那么,利用镜像的方法,由

弧 AXB 和它关于海岸 l 的轴对

称图形——弧线 $AX'B$,所组成

的封闭图形,也一定是用 $2a$ 长的

周界所能围出的最大面积。

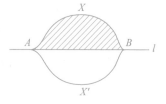

图 22.1

那么,在周长一定的图形中,

究竟怎样的图形才能包围最大的面积呢? 表 22.1 列出了周长

为 4 厘米的各种图形的面积。

表 22.1 周长 4 厘米的各图形面积

等 周 图 形	相应面积(平方厘米)
等腰直角三角形	0.6863
矩形(3∶1)	0.7500
等边三角形	0.7698
矩形(2∶1)	0.8889
60°的圆扇形	0.9022

续表

等 周 图 形	相应面积（平方厘米）
半圆	0.9507
矩形（3：2）	0.9600
1/4 圆	0.9856
正方形	1.0000
圆	1.2732

看了表 22.1，可能读者已经猜到，周长一定面积最大的图形是圆！事实果真如此！这大概也是自然界里圆的形状普遍存在的原因。太阳、地球、月亮是圆形的；树木是圆形的；荷叶上的水珠是圆形的；孩子们吹出的色彩斑斓的肥皂泡也是圆形的。在人工制品中，圆的形状更是比比皆是。这些都是因为圆是"最经济"的图形：周长一定，面积最大；或面积一定，周长最短！

不过猜想毕竟不等于真理，从猜想到真理还需要严格的证明。

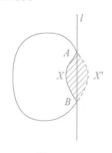

图 22.2

事实上，无论是狄多问题或是等周问题，答案图形不可能是凹的。因为倘若图形中有一处是凹的，那么便可以把凹的部分如图 22.2 那样翻转出去，得到一个周长不变但面积增大了的新图形。

下面我们把讨论限制于狄多问题，因

为倘若能证明狄多问题的解答是半圆，那么等周问题的解答就是一个整圆！

现在假定曲线弧 AXB 是狄多问题的答案，也就是说由直线 l 与弧线 AXB 所围成的图形面积最大。令 P 为弧线 AXB 上任意一点，我们说 $\angle APB$ 一定是直角。因为如果 $\angle APB = \alpha \neq 90°$，则我们可以把 AP、BP 连同它上面的一块阴影图形，如图 22.3 从（a）到（b）那样，张开成 $90°$。

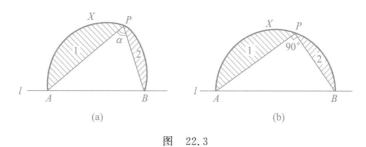

（a）   （b）

图　22.3

前后两个图形的曲线弧长显然没有改变，但两者的面积

$$
\begin{cases}
S_{(a)} = (S_1 + S_2) + \dfrac{1}{2}AP \cdot BP \cdot \sin\alpha \\[2mm]
S_{(b)} = (S_1 + S_2) + \dfrac{1}{2}AP \cdot BP
\end{cases}
$$

因为 $\qquad\qquad\qquad\quad \alpha \neq 90°$

所以 $\qquad\qquad\qquad\quad S_{(a)} < S_{(b)}$

这与图 22.3（a）面积最大的假定矛盾，从而证明了曲线弧 AXB 上的点，立于线段 AB 上的角均为直角。即证明弧 AXB

为半圆弧。这也就解决了狄多问题和等周问题。

中世纪意大利诗人但丁说过："圆是最完整的图形"。圆对于人类最深刻的印象,莫过于圆周上的点到圆心的距离相等。车轮正是由于它的等长的车辐,而使车轴处于一定的高度,从而得到一个平稳的水平运动。倘若车轮不是圆的,那么车轴将会产生一种忽上忽下的运动。这种不规则的颠簸动荡,在上方的载重下,很容易造成轮轴与载重物之间的移位或解体。

圆的任意两条平行切线之间距离都是相等的,都等于直径。这使得我们可以如图 22.4 那样把重物放在圆木棍上滚动,并平稳地行进! 4000 年前的古埃及人,大概就是使用这样的方法,把一块又一块的巨石推到金字塔顶的! 人们虔诚地感谢大自然赐给圆的这种"等宽度"特性。假如没有圆,我们这个星球的文明,不知要往后推迟多少年!

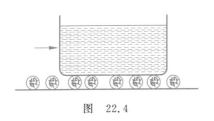

图 22.4

图 22.5

然而令人惊异的是,对于完成滚动来说,棍的横断面未必要是圆的! 对于这一点,大多数读者可能难以置信,但这却是千真万确的事实。图 22.5 所示的曲边三角形,就是最简单的具有

"等宽度"性质的图形：3条曲边是相等的圆弧,而每个圆弧的中心,恰是它所对角的顶点。显然,这种曲边三角形的3段弧,具有共同的半径 r,而且整个曲边三角形可以在边长为 r 的正方形内,紧密自由地转动。用这种图形做断面的滚子,也能使载重物水平地移动,而不至于上下颠簸(图22.6)。这种具有奇特功能的曲边三角形,是由工艺学家鲁列斯首先发现的,所以叫作鲁列斯曲边三角形。

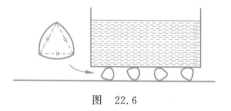

图 22.6

利用鲁列斯曲边三角形的原理,我们还可以构造出其他"等宽度"曲线。构造关键在于,让圆弧的中心是它所对角的角顶,从而画出一组具有等半径的圆弧。图22.7就是这类型的"等宽度"曲线。

等宽度曲线还有其他种类,图22.8是一种由6段圆弧连接而成的曲边多边形。它最明显不同于鲁列斯三角形的地方,是周边没有尖点!

等宽度曲线最惊人的性质是巴比尔(Barbier)发现的：有相同宽度 d 的等宽度曲线,具有相同的周长 πd。在这里我们不可能对巴比尔定理给予严格的证明,但读者完全可以用已见过的等宽度曲线去验证它！

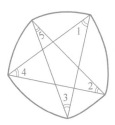

图 22.7

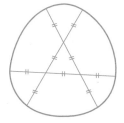

图 22.8

二十三、约翰·伯努利的发现

在"二十一、关于捷径的迷惑"中,我们曾经讲过,捷径与短程线并非总是一码事。在那里我们举光的折射当例子。这似乎给人造成一种误解,以为只要周围环境没有改变,那么沿短程线走,时间便是最节省的。其实,这是未必的!

下面的问题将使你的观念为之一新。

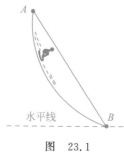

图 23.1

如图 23.1 所示,把不在同一铅垂线上的两点 A、B,用怎样的一条曲线连接起来,才能使得在重力作用下,当质点沿着它由 A 滑至 B 时,所用的时间最少?

在历史上,上述"最速降落"问题

谜底的揭开,曾经经历了相当漫长的时间。

在 16 世纪以前,几乎所有的人都认为,沿连接 AB 的线段滑落用时最少。理由是在连接 A、B 的所有曲线中,线段 AB 最短。少走路,"自然"少花时间。天经地义,无可厚非!

到了 17 世纪初,意大利比萨城的那位智者,大名鼎鼎的伽利略·伽利雷(Galileo Galilei,1564—1642),也对"最速降落"问题进行了思考。伽利略觉得此事没有那么简单!他认为最速降落曲线似乎应当是过 A、B 并与过 A 点铅垂线相切的一段圆弧。他的理由是,质点开始是以接近自由落体的速度下滑的,虽然圆弧 $\overset{\frown}{AB}$ 比弦 AB 要长一些,但在下滑路程中有很长一段路,质点是以很高的速度通过的。从总体上讲,这样用的时间比沿直线 AB 下滑要更短些!

1696 年,瑞士数学家约翰·伯努利(Johann Bernoulli,1667—1748)呼吁数学家们重新研究这个问题。他认为伽利略虽然提出了正确的思路,但伽利略没有讲清下滑曲线是圆弧的道理。为此,约翰·伯努利和他的哥哥雅各·伯努利,以及牛顿、洛必达等数学家,对此做了深刻的研究,终于发现连接 A、B 两点的最速降落曲线,既非直线也非圆弧,而是一条圆摆线!

如图 23.2 所示,当一枚钱币在直线上滚动的时候,钱币上的一个固定点 P,在空间划出一条轨线,这条轨线便是圆摆线或称旋轮线。

设圆币的半径为 r,取圆币滚动所沿的直线为 x 轴,如

图　23.2

图 23.3 建立直角坐标系 xOy。假定初始状态时,圆币上的固定点 P 与原点 O 重合。则当圆币滚动 ϕ 角后,圆心滚动到 B 点,且圆与 X 轴相切于 A。作 $PQ \perp AB$,Q 为垂足。很明显,弧 $\overset{\frown}{PA}$ 长等于 OA,从而 P 点的坐标 (x, y) 满足

$$\begin{cases} x = OA - PQ = r\phi - r\sin\phi \\ y = AB + QB = r - r\cos\phi \end{cases}$$

即

$$\begin{cases} x = r(\phi - \sin\phi) \\ y = r(1 - \cos\phi) \end{cases}$$

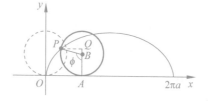

图　23.3

　　这就是圆摆线的方程,它是以参数形式给出的。摆线上点的坐标都随着旋角 ϕ 的变化而改变!

　　把上图的圆摆线翻转过来,使原先凸起的形状变成一个凹槽。再把 P 点想象成是一个铁球,沿凹槽滑落。这种滑落的情

景,宛如一个看不见的生成圆上的点,沿着顶上的水平线匀速滚动一样,如图 23.4 所示。

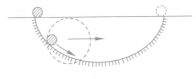

图　23.4

现在,让我们回到 300 多年前约翰·伯努利的富有创造和想象的答案上来。

如图 23.5 所示,把质点下降的平面分成许多间隔很小的等距离层。质点下降时,从 A 开始逐一地穿过这些层到达于 B。由于质点滑落到 $P(x,y)$ 处的动能,等于下落过程中势能的减少,即

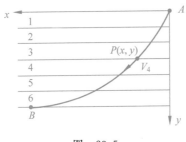

图　23.5

$$\frac{1}{2}mv^2 = mgy$$

从而
$$v = \sqrt{2gy}$$

上式表明：此时此刻质点运动的速度只与它所在的层次有关。换句话说，图 23.5 中的质点，在各个分层中有着各自不同的运动速度。

就这样，约翰·伯努利靠着超人的天赋，立即联想起光的折射：从 A 点发出的光线，经一层又一层的折射，到达于 B。这条光线所走的路，肯定就是最速降落曲线！

妙极了！一个艰深的问题，在一种巧妙的解析下，终于出人意料地迎刃而解！

接下去的工作对于数学家来说已经是熟门熟路了！如图 23.6 所示，假设光线在各层内的前进速度，恰等于质点在该层内的滑落速度，分别为 $v_1, v_2, v_3, \cdots$；进入各层时的入射角分别为 $\alpha_1, \alpha_2, \alpha_3, \cdots$。

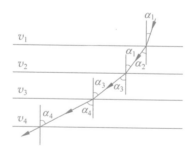

图　23.6

由光的折射定律知

$$\frac{\sin\alpha_1}{v_1} = \frac{\sin\alpha_2}{v_2} = \frac{\sin\alpha_3}{v_3} = \cdots$$

当层数分得无限多时,以上式子演化为

$$\frac{\sin\alpha}{v}=常量$$

注意到曲线的切线的倾斜角 β,与入射角 α 之间存在着互余关系,从而

$$\sin\alpha=\cos\beta=\frac{1}{\sqrt{1+\tan^2\beta}}$$

因为 $$v=\sqrt{2gy}\ ;\ \tan\beta=\frac{\mathrm{d}y}{\mathrm{d}x}$$

所以 $$y\left[1+\left(\frac{\mathrm{d}y}{\mathrm{d}x}\right)^2\right]=正常量$$

后一式子在数学上称为微分方程。由于这类方程的解答,需要更多的数学知识,所以我们就不多讲了! 不过要告诉读者的是,以上微分方程的解,正是前面介绍的圆摆线。

摆线的种类极多,当 P 点在动圆外或动圆内时,可分别得到如图 23.7 的长幅摆线(Ⅱ)和短幅摆线(Ⅰ)。

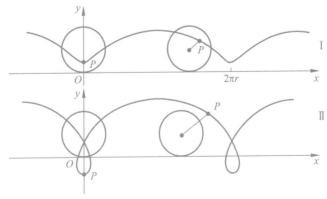

图 23.7

163

有一道趣题,在飞速前进的火车车轮上可以找到向后运动的点。读者可能对此感到奇怪,不过当你看过图 23.8 之后,你就会相信这种情形是可能的:当火车的车轮向右滚动的时候,它凸出部分下端的 P 点,却沿长幅摆线的轨迹向左方向(相反方向)移动。

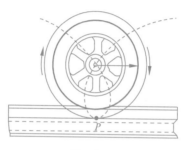

图　23.8

如果动圆不是沿直线,而是沿定圆滚动时,也能得到形形色色的摆线,如图 23.9 所示。所有这些摆线家族的成员,全都非常美观!

  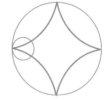

图　23.9

二十四、跨越思维局限的栅栏

人类的思维，自人降生伊始，便受着周围世界的影响。一些偏离正确的思维模式，通过日积月累，逐渐形成了一道道思维局限的栅栏。

一个颇为典型的例子是：桌上放一个气球，用手把它击出桌外。许多人以为气球将沿抛物线轨迹下落，其实这是不对的。读者如果亲自做一下实验，就会发现结果出人意料！（答案：气球在桌沿垂直降落）

人们习惯于用过去理解现在，也习惯于用现在想象将来。一些固有的思维模式，常常干扰着人们的思考，形成无形的栅栏。

本书作者曾深深为以下的事件震惊过。

变量中的常量
函数的故事

　　某校某年级有 4 个教学班。1、2 班为快班；3、4 班为慢班。各班学生数依次是 50、60、50、40。甲、乙两位教师各担任两个班的教学工作。甲教 1、3 班；乙教 2、4 班。一年之后，统考及格率如表 24.1 所示。

表 24.1　各班及格率

教师	快班及格率	慢班及格率
甲	84％	42％
乙	80％	40％

　　校长看后大为恼火，把教师乙找来批评了一顿，要他找一找及格率落后的原因。不料教师乙申辩说，该表扬的应该是他！校长大感奇怪，拿出笔来认真算了一下，果真乙所教的学生及格率比甲所教的高，不多不少高 1％，读者不信可以算一算！

　　在一次应考学生多达 83 万的国外数学竞赛中，试题共 50 道，其中第 44 道是这样的：

　　"一个正三棱锥和一个正四棱锥，所有的棱长都相等。问重合一个面后还有几个面？"

　　标准答案注明为"7 个"。

　　一个叫丹尼尔的学生回答为 5 个，结果该题被判为错答而未能得到满分。小丹尼尔感到委屈，找教授们说理。结果教授们坚持按标准答案给分。回家后丹尼尔把自己的想法告诉了父亲。当工程师的父亲无法判断尼尔丹有没有错，就动手做了两个实实在在的模型Ⅰ和Ⅱ，重合一个面后（Ⅲ）果然只有 5 个面

(图 24.1)！这件事后来还引发了一场官司。结果是小丹尼尔尚未出庭，便告胜诉！

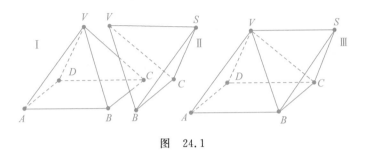

图　24.1

以上的精彩事例说明：贫乏的思维，绝不因年龄增长和环境迁移而自行消失。没有破，便无以立；不跨越思维局限的栅栏，便谈不上正确思想的建立。从这个意义上讲，本书所做的工作，算是一种尝试！